"十三五"职业教育国家规划教材

数字与网络生活导论

谭建伟　主　编

刘　红　陈予雯　副主编

电子工业出版社
Publishing House of Electronics Industry
北京·BEIJING

内 容 简 介

本书是以学习网络生活为目的，以掌握各种网络生活技能为目标，以满足人们应用网络的社会需求为宗旨的基础性网络应用教材。全书由 11 个项目构成，既包括信息搜索、网上学习、网上通信、网上娱乐、网上购物、网上预订、网上开店，也涵盖网络病毒、网络服务安全、网络文明、网络法律等保障网络安全应用的基本知识。通过对本书的学习，使读者了解具备网络工作、生活的基本技能，是信息社会对所有人的基本要求，而具有安全应用网络的能力，则是保证网络生活安全、可靠、有序的基础。

本书是网站建设与管理专业的专业核心课程教材，可作为中职学校互联网应用公共课的教材，还可作为互联网应用学习的自学教材。本书配有教学指南、电子教案和案例素材，详见前言。

未经许可，不得以任何方式复制或抄袭本书之部分或全部内容。
版权所有，侵权必究。

图书在版编目（CIP）数据

数字与网络生活导论 / 谭建伟主编. —北京：电子工业出版社，2017.10

ISBN 978-7-121-24830-6

Ⅰ. ①数… Ⅱ. ①谭… Ⅲ. ①数字技术—中等专业学校—教材②计算机网络—中等专业学校—教材 Ⅳ. ①TN01②TP393

中国版本图书馆 CIP 数据核字（2014）第 275096 号

策划编辑：关雅莉
责任编辑：裴 杰
印　　刷：北京捷迅佳彩印刷有限公司
装　　订：北京捷迅佳彩印刷有限公司
出版发行：电子工业出版社
　　　　　北京市海淀区万寿路 173 信箱　邮编　100036
开　　本：787×1 092　1/16　印张：13　字数：332.8 千字
版　　次：2017 年 10 月第 1 版
印　　次：2022 年 8 月第 3 次印刷
定　　价：28.00 元

凡所购买电子工业出版社图书有缺损问题，请向购买书店调换。若书店售缺，请与本社发行部联系，联系及邮购电话：（010）88254888，88258888。

质量投诉请发邮件至 zlts@phei.com.cn，盗版侵权举报请发邮件至 dbqq@phei.com.cn。
本书咨询联系方式：（010）88254617，luomn@phei.com.cn。

编审委员会名单

主 任 委 员：

武马群

副主任委员：

王 健 韩立凡 何文生

委　　员：

丁文慧	丁爱萍	于志博	马广月	马之云	马永芳	马玥桓	王 帅	王 苒
王 彬	王晓姝	王家青	王皓轩	王新萍	方 伟	方松林	孔祥华	龙天才
龙凯明	卢华东	由相宁	史宪美	史晓云	冯理明	冯雪燕	毕建伟	朱文娟
朱海波	向 华	刘 凌	刘小华	刘天真	关 莹	江永春	许昭霞	孙宏仪
苏日太夫	杜 珺	杜宏志	杜秋磊	李 飞	李 娜	李华平	李宇鹏	杨 杰
杨 怡	杨春红	吴 伦	何 琳	佘运祥	邹贵财	沈大林	宋 微	张 平
张 侨	张 玲	张士忠	张文库	张东义	张兴华	张呈江	张建文	张凌杰
张媛媛	陆 沁	陈 玲	陈 颜	陈丁君	陈天翔	陈观诚	陈佳玉	陈泓吉
陈学平	陈道斌	范铭慧	罗 丹	周 鹤	周海峰	庞 震	赵艳莉	赵晨阳
赵增敏	郝俊华	胡 尹	钟 勤	段 欣	段 标	姜全生	钱 峰	徐 宁
徐 兵	高 强	高 静	郭 荔	郭立红	郭朝勇	涂铁军	黄 彦	黄汉军
黄洪杰	崔长华	崔建成	梁 姗	彭仲昆	葛艳玲	董新春	韩雪涛	韩新洲
曾平驿	曾祥民	温 晞	谢世森	赖福生	谭建伟	戴建耘	魏茂林	

序 | PROLOGUE

　　当今是一个信息技术主宰的时代，以计算机应用为核心的信息技术已经渗透到人类活动的各个领域，彻底改变着人类传统的生产、工作、学习、交往、生活和思维方式。和语言和数学等能力一样，信息技术应用能力也已成为人们必须掌握的、最为重要的基本能力。职业教育作为国民教育体系和人力资源开发的重要组成部分，信息技术应用能力和计算机相关专业领域专项应用能力的培养，始终是职业教育培养多样化人才，传承技术技能，促进就业创业的重要载体和主要内容。

　　信息技术的发展，特别是数字媒体、互联网、移动通信等技术的普及应用，使信息技术的应用形态和领域都发生了重大的变化。第一，计算机技术的使用扩展至前所未有的程度，桌面电脑和移动终端（智能手机、平板电脑等）的普及，网络和移动通信技术的发展，使信息的获取、呈现与处理无处不在，人类社会生产、生活的诸多领域已无法脱离信息技术的支持而独立进行。第二，信息媒体处理的数字化衍生出新的信息技术应用领域，如数字影像、计算机平面设计、计算机动漫游戏、虚拟现实等。第三，信息技术与其他业务的应用有机地结合，如与商业、金融、交通、物流、加工制造、工业设计、广告传媒、影视娱乐等结合，形成了一些独立的生态体系，综合信息处理、数据分析、智能控制、媒体创意、网络传播等日益成为当前信息技术的主要应用领域，并诞生了云计算、物联网、大数据、3D 打印等指引未来信息技术应用的发展方向。

　　信息技术的不断推陈出新及应用领域的综合化和普及化，直接影响着技术、技能型人才的信息技术能力的培养定位，并引领着职业教育领域信息技术或计算机相关专业与课程改革、配套教材的建设，使之不断推陈出新、与时俱进。

　　2009 年，教育部颁布了《中等职业学校计算机应用基础大纲》，2014 年，教育部在 2010 年新修订的专业目录基础上，相继颁布了"计算机应用、数字媒体技术应用、计算机平面设计、计算机动漫与游戏制作、计算机网络技术、网站建设与管理、软件与信息服务、客户信息服务、计算机速录"等 9 个信息技术类相关专业的教学标准，确定了教学实施及核心课程内容的指导意见。本书就是以此为依据，结合当前最新的信息技术发展趋势和企业应用案例组织开发和编写的。

本套系列教材的主要特色

- **对计算机专业类相关课程的教学内容进行重新整合**

本套教材面向学生的基础应用能力，设定了系统操作、文档编辑、网络使用、数据分析、媒体处理、信息交互、外设与移动设备应用、系统维护维修、综合业务运用等内容；针对专业应用能力，根据专业和职业能力方向的不同，结合企业的具体应用业务规划了教材内容。

- **以岗位工作过程来确定学习任务和目标，综合提升学生的专业能力、过程能力和职位差异能力**

本套教材通过工作过程为导向的教学模式和模块化的知识能力整合结构，体现产业需求与专业设置、职业标准与课程内容、生产过程与教学过程、职业资格证书与学历证书、终身学习与职业教育的"五对接"。从学习目标到内容的设计上，本套教材不再仅仅是专业理论内容的复制，而是经由职业岗位实践——工作过程与岗位能力分析——技能知识学习应用内化的学习实训导引和案例。借助知识的重组与技能的强化，达到企业岗位情境和教学内容要求相贯通的课程融合目标。

- **以项目教学和任务案例实训作为主线**

本套教材通过项目教学，构建了工作业务的完整流程和岗位能力需求体系。项目的确定应遵循3个基本目标：核心能力的熟练程度、技术更新与延伸的再学习能力、不同业务情境应用的适应性。教材借助以校企合作为基础的实训任务，以应用能力为核心、以案例为线索，通过设立情境、任务解析、引导示范、基础练习、难点解析与知识延伸、能力提升训练和总结评价等环节引领学者在任务的完成过程中积累技能、学习知识，并迁移到不同业务情境的任务解决过程中，使学者在未来可以从容面对不同应用场景的工作岗位。

当前，全国职业教育领域都在深入贯彻全国工作会议精神，学习领会中央领导对职业教育的重要批示，全力加快推进现代职业教育。国务院出台的《加快发展现代职业教育的决定》明确提出要"形成适应发展需求、产教深度融合、中职高职衔接、职业教育与普通教育相互沟通，体现终身教育理念，具有中国特色、世界水平的现代职业教育体系"。现代职业教育体系的建立将带来人才培养模式、教育教学方式和办学体制机制的巨大变革，这无疑给职业院校信息技术应用人才培养提出了新的目标。计算机类相关专业的教学必须要适应改革，始终把握技术发展和技术技能人才培养的最新动向，坚持产教融合、校企合作、工学结合、知行合一，为培养出更多适应产业升级转型和经济发展的高素质职业人才做出更大贡献！

前言 | PREFACE

为建立健全教育质量保障体系，提高职业教育质量，教育部于 2014 年颁布了中等职业学校专业教学标准（以下简称专业教学标准）。专业教学标准是指导和管理中等职业学校教学工作的主要依据，是保证教育教学质量和人才培养规格的纲领性教学文件。在"教育部办公厅关于公布首批《中等职业学校专业教学标准（试行）》目录的通知"（教职成厅[2014]11 号文）中，强调"专业教学标准是开展专业教学的基本文件，是明确培养目标和规格、组织实施教学、规范教学管理、加强专业建设、开发教材和学习资源的基本依据，是评估教育教学质量的主要标尺，同时也是社会用人单位选用中等职业学校毕业生的重要参考。"

本书特色

本书根据教育部颁发的《中等职业学校专业教学标准（试行）信息技术类（第一辑）》中的相关教学内容和要求编写。

全书由九个项目构成，既包括信息搜索、网络学习、网上娱乐、网上通信、网上购物、网上预订、网上开店等基本网络生活内容，也涵盖网络病毒、网络文明、网络法律等保障网络安全应用的基本知识。

项目一，介绍信息搜索的知识和技能，帮助学习者提高获取信息的能力。项目二，介绍网上学习的相关知识和技能，帮助学习者提高利用网络资源获取知识和技能的基本能力。项目三，介绍网上通信的基本技能，帮助学习者了解网络通信工具，掌握网络通信的基本方法。项目四，介绍网上娱乐的某些内容，帮助学习者学会参加网上娱乐项目。项目五，介绍网络购物的基本流程，帮助学习者了解网购技巧，学会网购操作。项目六，介绍在网上提前预订消费项目的操作，帮助学习者养成省钱、省力的网络消费习惯。项目七，介绍开设网店的方法和技能，帮助学习者了解网上开店技巧，掌握网店运营策略。项目八，介绍网络防毒的基本方法，教会学习者高效率使用专门工具查找、清除计算机病毒和木马。项目九，介绍网络应用中黑客攻击和网络欺骗问题，帮助学习者了解黑客和黑客攻击，认识网络骗局，掌握防范攻击的基本方法，提高安全应用和防骗能力。项目十，介绍网络道德和网络文明，提高学习者文明使用网络的意识，做遵纪守法的网络应用者。项目十一，介绍网络法律，帮助学习者全面认识网络应用中的法律问题，既能做到网络应用不违法，也能学会拿起法律的武器保护自己合法的网络行为。

课时分配

本教材的教学参考时数为 32 课时，具体安排见本书配套的电子教案。

本书作者

本书由谭建伟担任主编,刘红、陈予雯任副主编,参与教材编写的还有王朝欣、刘强、张瑾、笑颜、闫文静。全书由谭建伟统稿。河南工程学院李建教授对书稿进行了认真审阅,提出了许多意见和建议,全体作者深表感谢。

由于作者水平有限,加之对网络生活应用理解的局限性,书中难免会出现疏漏、错误和不足之处,敬请读者批评指正。

教学资源

为了提高学习效率和教学效果,方便教师教学,作者为本书配备包括电子教案、教学指南、习题参考答案等配套的教学资源。请有此需要的读者登录华信教育资源网(http://www.hxedu.com.cn)免费注册后进行下载,有问题时请在网站留言板留言或与电子工业出版社联系(E-mail:hxedu@phei.com.cn)。

编　者

CONTENTS | 目录

项目一　信息搜索 1
　　任务一　利用网络解决生活中的难题 1
　　任务二　网络信息下载 8
　　项目习题 14

项目二　网上学习 16
　　任务一　学习网络课程 16
　　任务二　制作网络学习资源 24
　　项目习题 35

项目三　网上通信 37
　　任务一　网络聊天 37
　　任务二　信息发布 46
　　项目习题 52

项目四　网上娱乐 54
　　任务一　音乐欣赏 54
　　任务二　观看网络视频 62
　　项目习题 69

项目五　网上购物 71
　　任务一　网上购书 71
　　任务二　网上支付 79
　　项目习题 87

项目六　网上预订 89
　　任务一　团购美食 89
　　任务二　网络购票 95

项目习题 ·· 104

项目七 网上开店 ·· 106
任务一 网上开店 ·· 106
任务二 网店运营 ·· 120
项目习题 ·· 127

项目八 网络防毒 ·· 129
任务一 防范病毒 ·· 129
任务二 防范木马 ·· 135
项目习题 ·· 145

项目九 网络服务安全 ·· 148
任务一 了解 Web 安全配置 ·· 148
任务二 了解 DNS 安全配置 ··· 158
项目习题 ·· 170

项目十 网络文明 ·· 172
任务一 了解网络道德 ·· 172
任务二 抵制不良信息 ·· 177
项目习题 ·· 182

项目十一 网络法律 ·· 184
任务一 认识网络犯罪 ·· 184
任务二 了解网络法律 ·· 189
项目习题 ·· 196

信息搜索

生活在信息社会的人们享受着海量信息提供的各种便利，同时也面临着快速获取有用信息的困扰。如何使用网络信息检索工具，快速、准确获取满足自己需要的信息，也因此成为一种基本的网络生活技能。获取网络信息的工具种类较多，有从大量网页抽取非结构化信息的网络信息采集器，有网页数据提取的抓取工具，也有信息检索的利器搜索引擎，后者是普通用户快速获取网络信息的常用工具。

项目目标

- 了解网络信息检索工具，能够快速查找特定信息。
- 了解下载工具，会使用下载工具批量、快速下载有用信息。

任务一 利用网络解决生活中的难题

在我们的日常生活中会遇到各种各样的难题，如正常使用中的计算机不能正常播放视频了不知该怎么办、想做一道美味菜肴不知如何下手，等等，此时，可以考虑借助于网络检索功能搜索解决问题的答案，帮助我们解决这些难题。

案例1：使用百度搜索找出制作菜肴的方法

"百度"是全球最大的中文搜索引擎，它致力于向人们提供"简单、可依赖、便捷"的信息获取方式。用户通过百度主页，可以瞬间找到相关的搜索结果，这些结果来自于百度超过数百亿的中文网页数据库。

百度秉承"用户体验至上"的理念，除网页搜索外，还提供 MP3、图片、视频、地图等多样化的搜索服务，给用户更加完善的搜索体验，满足多样化的搜索需求。

百度快照是全新的浏览方式，用以解决因网络、网页服务器及病毒所导致的网页无法浏览的问题，基本原理就是只加载网上的文字、图片和超链接。

烹饪是每个人必备的基本生活技能，而掌握烹饪的基本技能似乎不那么简单，但是，若能有效利用百度的搜索功能，则可以找到任何一种菜肴的制作方法，通过不断的实践，相信自己一定能够成为烹饪"高手"。

过节了，平时只等别人做好饭自己吃的小李，想给父母做一道地道的川菜"麻辣豆腐"，来表达对父母辛苦操劳的感激之情，可他并不了解做菜的方法，他想起了"百度"，就让它来帮助我解决这一难题吧。

任务活动

1．教师讲解、演示使用百度搜索特定内容的操作过程

（1）搜索引擎、自动推送。
（2）特定内容搜索过程和可能遇到的问题。

2．学生选择自己感兴趣的内容进行查找

（1）特定内容查找。
（2）反思操作过程遇到的问题及解决办法。

3．师生讨论网络信息查找中遇到的问题和解决方法

（1）查找信息不准确的原因是什么？
（2）如何解决（1）中的问题？

任务操作

（1）打开 IE 浏览器，在地址栏输入"http://www.baidu.com"，按【Enter】键，打开"百度搜索"主页，如图 1-1-1 所示。

图 1-1-1 "百度搜索"主页

（2）在文本框中输入"麻辣豆腐做法"，单击"百度一下"按钮，显示搜索结果，如图 1-1-2 所示。

项目一　信息搜索

图 1-1-2　显示搜索结果

（3）浏览搜索结果，从中选出与自己搜索意图最接近的条目，单击鼠标，查看详细信息，如图 1-1-3 所示。

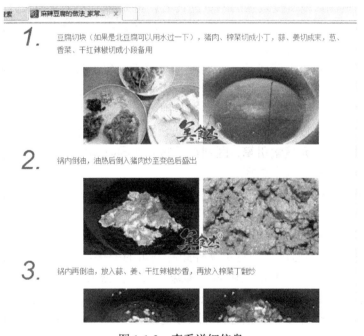

图 1-1-3　查看详细信息

（4）按照获取的烹饪信息，备料、烹制菜肴。相信经过实践，不久以后，你的厨艺定会突飞猛进。

知识链接

1．浏览器

浏览器是指浏览网页用的客户服务程序。万维网（也称 WWW 或 Web）中的信息资源主要由 Web 页组成，这些网页均采用超级文本格式，其中的一些词、短语或图片可以作为"连

003

接点",与其他文件形成巨大的信息链。浏览器与 WWW 服务器之间通信,采用超级文本传输协议(Hyper Text Transfer Protocol)。

2. 搜索引擎

搜索引擎是指根据一定的策略、运用特定的计算机程序从互联网上搜集信息,在对信息进行组织和处理后,为用户提供检索服务,将用户检索的相关信息展示给用户的系统。搜索引擎包括全文索引、目录索引、元搜索引擎、垂直搜索引擎、集合式搜索引擎、门户搜索引擎与免费链接列表等。

(1)搜索引擎功能。

全文搜索引擎是从网页数据库中提取信息。搜索引擎的信息自动搜集功能分两种,一种是定期搜索,另一种是提交网站搜索。当用户以关键词查找信息时,搜索引擎会在数据库中进行搜寻,如果找到与用户要求内容相符的网站,便采用特殊的算法——根据网页中关键词的匹配程度、出现的位置和频次、链接质量,计算出各网页的相关度及排名等级,然后根据关联度高低,按顺序将这些网页链接返回给用户。

目录索引也称为分类检索,是互联网上最早提供"WWW"资源查询的服务,主要通过搜集和整理互联网的资源,根据搜索到的网页的内容,将其网址分配到相关分类主题目录的不同层次类目之下,形成像图书馆目录一样的分类树形结构索引。目录索引无需输入任何文字,只要根据网站提供的主题分类目录,层层单击进入,便可查到所需的网络信息资源。

元搜索引擎接受用户查询请求后,同时在多个搜索引擎上搜索,并将结果返回给用户。

垂直搜索引擎不同于通用的网页搜索引擎,垂直搜索专注于特定的搜索领域和搜索需求,如机票搜索、旅游搜索、生活搜索、小说搜索、视频搜索、购物搜索,等等。与通用搜索数千台检索服务器相比,垂直搜索需要的硬件成本低、用户需求特定、查询的方式多样。

集合式搜索引擎类似元搜索引擎,区别在于它并非同时调用多个搜索引擎进行搜索,而是由用户从提供的若干搜索引擎中选择。

门户搜索引擎虽然提供搜索服务,但自身既没有分类目录也没有网页数据库,其搜索结果完全来自其他搜索引擎。

(2)搜索引擎的基本工作原理。

第一,爬行。搜索引擎通过一种特定软件跟踪网页的链接,从一个链接爬到另外一个链接,像蜘蛛在蜘蛛网上爬行一样,所以被称为"蜘蛛"或"机器人"。搜索引擎"蜘蛛"的爬行轨迹被赋予了一定规则,它需要遵从命令要求依次从一个链接到另一个链接。

第二,抓取存储。搜索引擎是通过蜘蛛跟踪链接爬行到网页,并将爬行的数据存入原始页面数据库,其中的页面数据与用户浏览器得到的 HTML 完全一样。搜索引擎蜘蛛在抓取页面时,也做一定的重复内容检测,一旦遇到权重很低的网站上有大量抄袭、采集或者复制的内容时,很可能就不再继续爬行了。

第三,预处理。搜索引擎将蜘蛛抓取回来的页面,进行各种预处理。具体内容为提取文字、中文分词、去停止词、消除噪音(搜索引擎需要识别并消除这些噪声,比如版权声明文字、导航条、广告等)、正向索引、倒排索引、链接关系计算、特殊文件处理等。

除了 HTML 文件外,搜索引擎通常还能抓取和索引以文字为基础的多种文件类型,如PDF、Word、WPS、XLS、PPT、TXT 文件等,在搜索结果中也经常会看到这些文件类型,但搜索引擎不能处理图片、视频、Flash 这类非文字内容,也不能执行脚本和程序。

第四，排名。用户在搜索框输入关键词后，排名程序调用索引库数据，计算排名显示给用户，排名过程与用户直接互动。但是，由于搜索引擎的数据量庞大，虽然每日都有小的更新，但是一般情况下搜索引擎的排名规则都是根据日、周、月阶段性不同幅度的更新。

（3）搜索引擎的基本组成。

搜索引擎一般由搜索器、索引器、检索器和用户接口4个部分组成。

3．网页推送

网页推送是指将经过整理的信息资源以网页的形式迅速转发至用户的界面，实现用户的多层次需求，使得用户能够快速找到所需要的信息，是直接将有针对性的信息发给特定者的一种实现方式。

"推"技术也是一种服务器和客户机之间的通信连接方式，是利用服务器端的CGI脚本程序把数据源源不断地推向客户机，使客户机和服务器之间的交互性能大大提高。采用了ServerPush技术的服务器在客户机做出一个请求后，和客户机建立一个永久的连接，然后服务器会根据客户机的请求不断把数据包推向客户，这个推的过程是不间断的。由服务器推向客户机的数据在客户机的浏览器上会不断产生新的内容，而且不会产生Client pull那样的HTML文档头，从而大大减少了延迟的时间，服务器响应客户机请求几乎同步。

实现ServerPush技术非常简单。ServerPush在服务器的CGI脚本声明HTML文档类型时，把传统的content-type:text/html改为content-type:multipart/x-mixed-replace;boundary=BOUNDARY，就会反馈给用户一个ServerPush类型的连接。如果CGI脚本中提供了这样的HTML文档头，服务器在处理客户机请求调用CGI脚本程序时，就会把CGI脚本中指定的数据强行推给客户机。

ServerPush在生成页面时会采用很多的处理技巧。主程序和传统方式没有本质的区别，但在脚本中要加入了 print "Content-Type:multipart/x-mixed-replace;boundary=BOUNDARY" 这样的文档头。

4．常用的搜索引擎

常用的三大搜索门户分别是 http://www.google.com（谷歌）、http://www.baidu.com（百度）、http://www.yahoo.cn/（雅虎）他们都提供有强大的搜索引擎。

谷歌是一家美国的跨国企业，致力于互联网搜索、云计算等领域，开发并提供有大量的基于互联网的产品与服务，1998年设计开发了互联网搜索引擎"Google 搜索"。Google是全球最大的搜索引擎，有100多种语言和用户界面，搜索浏览量占全球搜索引擎链接市场份额的半数以上。

百度是李彦宏于2000年1月创办的中文搜索引擎，"百度"一词源于词人辛弃疾《青玉案·元夕》的词句"众里寻他千百度"，象征着百度对中文信息检索技术的执著追求。2014年12月15日，《世界品牌500强》排行榜在美国纽约揭晓，百度公司首次上榜。2014年12月16日百度、阿里巴巴集团在全球的数字广告营收市场份额超越多数同行，直追谷歌与Facebook。

雅虎是美国的互联网门户网站，也是20世纪末互联网奇迹的创造者之一。其服务包括搜索引擎、电邮、新闻等，业务遍及24个国家和地区，为全球超过5亿的独立用户提供多元化的网络服务。同时也是一家全球性的互联网通信、商贸及媒体公司。雅虎是全球第一家提供互联网导航服务的网站，总部设在美国加州圣克拉克市，在欧洲、亚太区、拉丁美洲、加拿大及美国均设有办事处。雅虎是最老的"分类目录"搜索数据库，也是最重要的搜索服务网站之一。所收录的网站全部按照类目分类，其数据库中的注册网站在形式和内容上质量都很高。2003年3月，雅虎完成对Inktomi的收购，成为 Google 的主要竞争对手之一。

任务拓展：网络翻译

在日常生活和工作中，很可能会遇到将一段中文翻译成外文或将外文翻译成中文的情况，若自己的外文水平不是那么高，身边又没有可以帮助自己的朋友，那么，利用网络就会是最佳选择。使用在线翻译工具的方法如下：

（1）选择一种网络在线翻译工具，如"百度翻译"，见图 1-1-4。

图 1-1-4　百度翻译

（2）选择"源语言"和"目标语言"的种类，在"翻译文字"文本框中输入要翻译的内容，如图 1-1-5 所示。

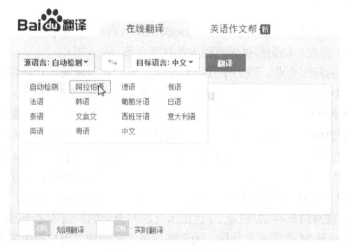

图 1-1-5　选择翻译种类

（3）单击"翻译"按钮，即可得到翻译结果，如图 1-1-6 所示。

图 1-1-6　显示翻译结果

利用网上翻译工具翻译的语句准确性不一定很高，可多用几种翻译工具对照翻译结果，以提高正确率。

常见问题及解决策略

1. 使用搜索引擎的基本技巧

在搜索引擎中输入关键词，然后单击"搜索"，系统很快会返回查询结果，这是最简单的查询方法，但查询结果可能包含着许多无用的信息。若能在查询时采用一些必要的技巧，则可以提高查询精度。

（1）使用双引号（" "）。

给要查询的关键词加上双引号（半角，以下要加的其他符号同此），可以实现精确的查询，这种方法要求查询结果精确匹配，但不包括演变形式。例如，在搜索引擎的文字框中输入"电传"，就会出现网页中有"电传"这个关键字的网址，而不会出现诸如"电话传真"之类的网页。

（2）使用加号（+）。

在关键词的前面使用加号，也就等于告诉搜索引擎该单词必须出现在搜索结果的网页上，如在搜索引擎中输入"+电脑+电话+传真"，就表示要查找的内容必须要同时包含"电脑、电话、传真"这三个关键词。

（3）使用减号（-）。

在关键词的前面使用减号，也就意味着在查询结果中不能出现该关键词，如在搜索引擎中输入"电视台-中央电视台"，就表示最后的查询结果中一定不包含"中央电视台"。

（4）通配符（*和?）。

通配符包括星号（*）和问号（?），前者表示匹配的数量不受限制，后者匹配的字符数要受到限制，主要用在英文搜索引擎中。例如，输入"computer*"，就可以找到"computer、computers、computerised、computerized"等单词，而输入"comp?ter"，则只能找到"computer、compater、competer"等单词。

（5）使用布尔检索。

所谓布尔检索，是指通过标准的布尔逻辑关系来表达关键词与关键词之间逻辑关系的一种查询方法，这种查询方法允许输入多个关键词，各个关键词之间的关系可以用逻辑关系词来表示。

and 称为逻辑"与"，用 and 进行连接，表示它所连接的两个词必须同时出现在查询结果中，例如，输入 "computer and book"，它要求查询结果中必须同时包含 computer 和 book。

or 称为逻辑"或"，它表示所连接的两个关键词中任意一个出现在查询结果中就可以，如输入 "computer or book"，在查询结果中可以只有 computer，或只有 book，或同时包含 computer 和 book。

not 称为逻辑"非"，它表示所连接的两个关键词中应从第一个关键词概念中排除第二个关键词，例如，输入 "automobile not car"，就要求查询的结果中包含 automobile（汽车），但同时不能包含 car（小汽车）。

在实际的使用过程中，可以将各种逻辑关系综合运用，灵活搭配，以便进行更加复杂的查询。

（6）使用元词检索。

大多数搜索引擎都支持"元词"（Metawords）功能，依据这类功能，用户把元词放在关键词的前面，这样就可以告诉搜索引擎想要检索的内容具有哪些明确的特征。如在搜索引擎中输入 "title：清华大学"，就可以查到网页标题中带有清华大学的网页。在输入的关键词后加上 "domainrg"，就可以查到所有以 org 为后缀的网站。

其他元词还包括："image"用于检索图片；"link"用于检索链接到某个选定网站的页面；"URL"用于检索地址中带有某个关键词的网页。

（7）区分大小写。

这是检索英文信息时要注意的一个问题，许多英文搜索引擎可以让用户选择是否要区分关键词的大小写，这一功能对查询专有名词有很大的帮助，如 Web 专指万维网或环球网，而 web 则表示蜘蛛网。

（8）特殊搜索命令。

"intitle"是多数搜索引擎都支持的针对网页标题的搜索命令。如输入 "intitle：家用电器"，表示要搜索标题含有"家用电器"的网页。

2．多搜索引擎的应用问题

使用不同搜索引擎对同一问题的搜索结果可能不一样，这是由于搜索引擎搜索的数据库内容有差异造成的，因此，若在搜索结果中没有找到自己满意的内容，请不要灰心，换一个搜索引擎试试，也是一种不错的选择，且很可能得到意想不到的收获。

任务二　网络信息下载

网络上的信息资源非常丰富，既有大量的文字信息，也有大量的图片、音频和视频信息，更有满足用户需求的各种计算机程序，其中的某些内容若能保存在用户自己的计算机上，使用起来将更加方便。因此，学会下载、上传网络信息的各种资源，是计算机用户必备的一种网络应用技能。

案例2：下载网络资源

下载（Download）是指将文件从服务器复制到自己的计算机中，若将自己计算机中的文件复制到服务器上则称为上传（Upload）。当网络传输速率快，且下载文件较小时，可以直接从网上下载。如果网络传输速率较慢，且下载的内容较大时，最好使用专门的下载软件下载。

使用网络资源应严格依照法律规范要求，不能侵权、违规使用网络资源，更不能破坏网络资源。对于完全免费的软件，用户下载无需支付任何费用，但作者仍拥有该软件的版权，使用者不能随意修改。对于网上的赠送软件，用户可以修改使用，而试用软件会有一定的限制，有的限制使用期限，有的限制使用功能，注册缴费后可得到其正版软件。

互联网上有专门的软件下载网站，也有位于其他网站的软件下载中心，从中都可以方便找到自己需要的软件资源。

每学期之初，张老师都要上电子工业出版社的华信教育资源网，查找和下载最新的教学资源，然后结合自己的教学特点修改教学设计，丰富课堂教学。网络资源下载是最常用的网络操作之一，也是必备的网络应用技能。

任务活动

1. 教师讲解、演示网络信息下载的操作过程

（1）直接从网上下载，使用下载软件下载。
（2）网络资源下载过程可能遇到的问题。

2. 学生选择自己感兴趣的网络资源练习下载操作

（1）搜索自己感兴趣的网络资源，下载至自己的计算机中。
（2）反思下载操作过程遇到的问题及解决办法。

3. 师生讨论下载网络资源遇到的问题和解决方法

（1）下载操作受哪些因素影响？
（2）如何解决下载任务过多的问题？

任务操作

（1）打开浏览器，在地址栏输入"http://www.hxedu.com.cn"，按【Enter】键，打开"华信教育资源网"网页，如图 1-2-1 所示。

图 1-2-1 "华信教育资源网"首页

（2）单击"注册"按钮，打开"用户注册"页面，输入"用户名"和"密码"，注册自己

的账号，如图 1-2-2 所示。

图 1-2-2 "用户注册"页面

（3）在网站首页输入"账号"、"密码"和"验证码"后，单击"登录"按钮，登录"华信教育资源网"。单击"资源频道"链接，打开"资源频道"页面，如图 1-2-3 所示。

图 1-2-3 "资源频道"页面

（4）选择"资源类别"等内容，显示所有与之对应的资源，找到自己需要的资源，单击"我要下载"按钮，打开"资源下载"对话框，如图 1-2-4 所示。

图 1-2-4 "资源下载"对话框

（5）单击"提交"按钮，打开"文件下载"对话框，如图 1-2-5 所示。

图 1-2-5 "文件下载"对话框

（6）单击"保存"并选择文件保存位置后，开始下载选定资源，如图 1-2-6 所示。完成下载后，可在指定位置找到下载资源。

图 1-2-6 显示下载进度

知识链接

1．常见的下载方式

下载是将网络中的信息资源保存到本地计算机上的一种网络活动。广义上说，凡是在屏幕上看到的不属于本地计算机上的内容，皆是"下载"得到。狭义上只认为将文件下载到本地磁盘特定存储位置的操作才是"下载"，"下载"的相反操作是"上传"。

超文本传输协议（Hyper Text Transportation Protocol，HTTP）和文件传输协议（File Transportation Protocol，FTP）既是计算机之间交换数据的方式，也是两种最经典的下载方式。下载原理就是用户利用协议规则，与提供文件的服务器联系，将服务器中的文件搬到自己的计算机中，实现下载功能。

BT 下载实际上就是 P2P 下载，该种下载方式与 WEB 方式相反，该模式不需要服务器，信息是在用户机与用户机之间进行传播，可以说每台用户机都是服务器，是一种"平等"的下载模式，每台用户机在自己下载其他用户机上文件的同时，还提供被其他用户机下载的作用，所以使用该种下载方式的用户越多，其下载速度就会越快。

P2SP 下载方式是对 P2P 技术的进一步延伸，它不但支持 P2P 技术，同时还通过多媒体检索数据库，把原本孤立的服务器资源和 P2P 资源整合到一起，使下载速度更快，下载资源更丰富，下载稳定性更强。

2．下载文件的运行

网上有许多提供软件下载的专门网站，网民常用的有驱动之家、天空软件、华军软件、多特软件、太平洋下载、绿色下载吧等，在这些网站上可以找到各种常用软件。

为了提高下载速度，网上提供的下载文件大部分是压缩文件，常见的有 RAR 压缩文件和 Zip 压缩文件。压缩包解压后，可直接运行压缩包中的安装文件（可执行文件）实现程序安装。网上还有一种自解压文件（安装程序），它是一种可执行文件，无须解压缩文件支持，即可自动解压缩实现下载文件的安装。

3．专门的下载工具

随着网络应用项目不断增多，网络下载工具也朝着支持专门应用的方向发展，出现了网页影音图文提取工具、MP3 下载工具、FLV 视频下载工具、BT 下载工具、MTV 下载工具、图片下载工具和地图下载工具等。

使用专门工具可以提取网页源文件、网页文本、网页图片、在线音乐、在线影片、网页 FLASH、以及现在流行的网页 FLV（Flash Video）文件，也能保存网页和对网页拍照，其下载效果和效率远比一般的下载工具要好，尤其是专门工具自带了特殊处理功能，使下载和检查修复一次完成。

4．信息存储介质——U 盘、移动硬盘

U 盘是一种基于 USB 接口的微型高容量活动盘，它不需要额外的物理驱动器、无外接电源、性能稳定、支持热插拔。U 盘最重要的性能指标是稳定性，而影响 U 盘稳定性的关键因素是控制芯片。市场上的 U 盘分别采用半成品芯片和封装成品控制芯片制造，前者的价格只有后者的 1/3，使用寿命一般不会太长。在 Windows 系统下使用 U 盘的方法很简单，只需将 U 盘与计算机的 USB 接口连接，待 U 盘指示灯亮，即可像使用硬盘一样使用 U 盘。

移动硬盘相对于 U 盘而言，最大的优点就是容量大，可以轻松容纳大文件。移动硬盘与计算机连接的接口形式有并行接口、USB 接口、IEEE1394 接口，但是使用最多的是 USB 接口的移动硬盘。由于 USB 标准向下兼容，建议选择 USB2.0 以上接口的移动硬盘。

任务拓展：使用下载工具下载网络资源

在浏览器环境直接下载大量文件，可能会受网速的影响使下载时间过长，期间若网络中断还会影响下载进程，而使用专门的下载工具则可以很好地解决类似问题。迅雷 7 使用先进的超线程技术，整合第三方服务器和计算机上的数据文件，使用户能够更快的获取所需的数据文件。这种超线程技术还具有互联网下载负载均衡功能，对服务器资源进行均衡，能有效降低服务器负载。使用迅雷 7 下载网络视频的操作方法有两种，一是在迅雷官网下载其中的视频资源，二是利用资源链接下载视频文件。利用快捷菜单中的"使用迅雷下载"命令下载网络资源的操作方法如下：

（1）鼠标指向欲下载的网络资源，右击，打开快捷菜单，如图 1-2-7 所示。

图 1-2-7　快捷菜单

（2）执行"使用迅雷下载"命令，打开"新建任务"对话框，如图 1-2-8 所示。

项目一　信息搜索

图1-2-8　"新建任务"对话框

（3）单击"立即下载"按钮，打开迅雷下载页面，开始下载选中的资源，如图1-2-9所示。

图1-2-9　迅雷下载页面

 常见问题及解决策略

1. 下载安装程序后出现故障

当安装下载程序后出现故障，应首先考虑安装程序引起故障的可能性，因为许多下载网站不保证下载软件的安全可靠性，这种情况下，可通过卸载安装软件、使用查杀毒软件检测下载软件或还原系统的方式，使计算机恢复正常运行状态。

为了保证下载软件的安全性，要求尽量从官方网站下载正版软件，安装前先查杀病毒和木马，在保证可靠的前提下安装使用。对别人发来的未知软件，最好不要打开，现在有许多病毒和木马是依靠捆绑下载进行传播的。

2. 使用下载工具仍不能流畅下载视频文件

制约下载流畅性的因素很多，下载工具出现问题只是其中一种原因。当视频文件下载不流畅时，可先检测网络连接、网速是否正常，排除网络故障因素；再使用该下载工具下载其他网站的视频文件，若仍不正常，可使用其他下载工具下载，确定是否为网站或文件故障。排除以上可能性后，可基本断定问题出在下载工具上，重新下载安装工具，便可进行流畅下载。

 项目小结

本项目以网络信息检索方法为主线，以使用网络工具搜索信息和下载、保存网络资源为目的，希望通过两个具体任务达到熟练使用网络检索工具的基本目标，成为快速、准确地查找所需信息资源的高手。

网络中的信息资源包罗万象，几乎囊括了人们生活和工作的所有内容，所以我们遇到的各种难题完全可以利用网络资源得到有效解决。搜索引擎是检索网络信息的有效工具，百度是我们常用的一种，网上还有多种类似的可用检索工具。了解搜索引擎，学会使用搜索引擎是获取

013

网络信息基本和有效的方法，而掌握使用搜索引擎的一些技巧则能快速、准确得到有用信息。

将网络资源保存至本地计算机称为下载，下载操作是网络应用中的经常性工作。用户既可以利用网络的数据交换功能，直接下载网络资源，也可以使用专门下载工具下载网络资源。熟练掌握网络资源下载工具的操作方法，既能提高下载效率，也能提高下载质量。

项目考核

本项目可根据教师教学的组织情况，进行合作学习和知识考核，任务活动评价包括自评、互评和教师点评，最终形成个人和学习小组任务完成情况总体评价。具体内容和要求如下。

1. 合作学习考核内容

（1）合作学习小组成员分工协作情况。

要求成员分工明确，任务分解、分配合理。

（2）信息获取和共享程度。

要求能使用多种搜索引擎多渠道获取网络信息，并能合理地选择、使用信息。

（3）分析、讨论和交流情况。

要求对问题分析的思路清晰、逻辑性强，讨论热烈、发言积极。

（4）学习成果的完整性和正确性情况。

要求学习成果内容完整，问题说明清楚，语言表述准确，操作结果或结论正确。

2. 知识技能考核点

（1）对搜索引擎使用技巧的了解。

了解搜索引擎的作用，会准确构造搜索关键字。

（2）使用网络搜索工具的熟练程度。

会使用常用的搜索引擎快速、准确查找信息。

（3）对专门下载工具的了解。

了解不同网络资源专门下载工具的作用，会选择使用专门下载工具。

（3）网络信息下载操作熟练程度。

会熟练使用下载工具或直接从网站下载网络资源。

项目习题

1. 单项选择题

（1）搜索引擎的信息自动搜集功能分两种，一种是（　　），另一种是提交网站搜索。

　　A．垂直搜索　　　B．定期搜索　　　C．快速搜索　　　D．分类搜索

（2）给查询的关键词加上半角双引号，可以实现（　　）查询。

　　A．精确　　　　　B．模糊　　　　　C．快速　　　　　D．直接

（3）将文件从服务器复制到自己的计算机中称为（　　）。

　　A．上传　　　　　B．下载　　　　　C．复制　　　　　D．拷贝

（4）使用搜索引擎查询时，若在关键词前面使用减号，意味着在查询结果中（　　）该关键词。
  A．包含　　　　　B．连接　　　　　C．不包含　　　　　D．选择

2．多项选择题

（1）搜索引擎通常包括：（　　）。
  A．全文索引　　　B．目录索引　　　C．元搜索引擎　　　D．垂直搜索引擎
（2）使用专门的网络资源下载工具可以获取（　　）等。
  A．网页文本　　　B．网页图片　　　C．在线音乐　　　　D．在线影片
（3）在网上可以找到的专门下载工具有（　　）。
  A．MP3下载工具　　　　　　　　　B．FLV视频下载工具
  C．MTV下载工具　　　　　　　　　D．BT下载工具
（4）常用的下载方式有（　　）。
  A．P2SP下载　　　B．P2P下载　　　C．B2B下载　　　　D．BT下载

3．判断题

（1）搜索引擎是人们常用的一种信息检索工具。（　　）
（2）网页推送服务便于人们快速获取所需信息。（　　）
（3）多数网站都不提供下载服务。（　　）
（4）提供下载服务的网站对下载软件的可靠性负责。（　　）
（5）在检索关键词的前面使用加号，是要求关键词必须出现在搜索结果的网页上。（　　）

4．简答题

（1）网上的推送服务给人们带来的方便和困扰有哪些？
（2）为什么使用不同搜索引擎搜索同一关键词结果会不一样？
（3）为什么网络中的下载信息会有那么多的错误？
（4）使用专门下载工具下载软件的好处有哪些？
（5）使用下载软件应注意哪些问题？

5．实训题

（1）针对一个特定内容使用多种方法进行网络检索，总结其中的技巧。
（2）试用多种工具下载某一视频，或一种工具下载不同内容，比较结果。

项目二

网上学习

在信息社会急速发展的背景下，满足社会发展需要的新知识和新技术不断涌现，人们仅靠在学校和书本上学到的知识和技能将无法满足生活和工作的需要，利用网络更新知识、学习技能必将成为未来主要的一种学习方式。网上学习是利用计算机网络进行的学习活动，是自主学习和协作学习相结合的学习方式。相对于传统学习活动而言，网络学习具有共享丰富网络学习资源、以个体自主学习和协作学习为主、突破传统学习的时空限制三个特点。

项目目标

- 了解网络学习方法，会利用网络学习专业知识和技能。
- 了解网络教学资源制作方法，会制作网络教学资源。

任务一 学习网络课程

目前，网络上的课程涉及面广、内容丰富，网上有国际名校、国内名校发布的视频课程，有普通学校根据自己特长制作的视频课程，有个人制作上传的教学视频片断，也有实时播放的网上教学，诸多教学内容完全能够满足不同阶层、不同需求者的学习需要。

案例3：参加网易公开课学习

网络公开课通常是指知名高校在网上提供的课堂实录的录像，若仅从公开课来理解，也应该包括高校课堂以外的网上教学视频和音频。有资料称，网络公开课最早起源于英国的远距离教学，该方式教学可追溯至1969年英国成立的开放大学。随着数字电视和网络技术的飞速发展，远距离教学的理念、技术和实践发生了重大变化。2012年大型开放式网络课程（Massive Open Online Courses，MOOC）受到全世界瞩目，人们也将2012年称为大型开放式网络课程元年。2013年7月，复旦大学、上海交通大学签约"MOOC"平台。

2014年5月8日，网易云课堂承接教育部国家精品开放课程任务，与"爱课程网"合作推出的"中国大学MOOC"项目正式上线。上线之初就有北京大学、浙江大学、复旦大学、哈尔滨工业大学等16所"985工程"高校推出的61门课程。

目前，网易公开课有国际名校、中国大学、可汗学院等著名学府学者的教学视频，网易云课堂也有高等教育、实用技能等多种教学内容，能够满足多数学习者提高知识和技能的需要，更能达到优质教育资源共享的目的，所以，参加网易公开课学习将成为未来主要的学习途径之一。许多人在正常生活、工作之余都是网易公开课忠实的学生，他们不仅领略世界名校的教学风采，更能吸收有用的知识技能丰富自己的生活和工作。

某校张老师就是网易公开课的常客，他经常利用闲暇时间参加网易公开课，不仅了解了最新的知识，也学会了许多新的技能，更提高了自己的教学技能。

任务活动

1．教师讲解、演示参加网易公开课学习的操作过程

（1）慕课、微课、翻转课堂的含义。
（2）网络学习过程和可能遇到的问题有哪些？

2．学生选择自己感兴趣的课程试学

（1）选择并进行网络课程学习。
（2）反思学习过程遇到的问题及解决办法。

3．师生讨论参加网络学习过程中遇到的问题和解决方法

（1）找不到适合自己的课程怎么办？
（2）如何参加国外大学的网络课程学习？

任务操作

（1）打开IE浏览器，在地址栏输入"http://open.163.com"，按【Enter】键，打开"网易公开课"网页，如图2-1-1所示。

图2-1-1　"网易公开课"首页

（2）单击"登录/注册"链接，打开"登录网易通行证"对话框，如图2-1-2所示。

图 2-1-2 "登录网易通行证"对话框

（3）输入"网易通行证账号"或"网易邮箱账号"，再输入相应的密码，单击"登录"按钮，"登录/注册"处显示邮箱登录账号，如图 2-1-3 所示。

图 2-1-3 显示邮箱登录账号

提示

若没有"网易通行证账号"，单击"立即注册"链接，通过邮箱验证完成注册。

（4）如想选择 MOOC 中"简单易行的时间管理法"学习，可单击"中国大学 MOOC"，进入"网易云课堂"，如图 2-1-4 所示。

图 2-1-4 "网易云课堂"页面

（5）单击"实用技能"链接，进入"实用技能"课程选择页面，如图 2-1-5 所示。

图 2-1-5　课程选择页面

(6) 单击"简单易行的时间管理法"课程链接,进入课程"简介"页面,如图 2-1-6 所示。

图 2-1-6　课程介绍页面

(7) 单击"参加该课程"按钮,进入课程学习页面,如图 2-1-7 所示。

图 2-1-7　课程学习页面

(8) 单击"开始学习"按钮,进入课程视频播放页面,如图 2-1-8 所示。

图 2-1-8　课程视频播放页面

（9）单击"▶"按钮，即可收看课程视频，如图 2-1-9 所示。

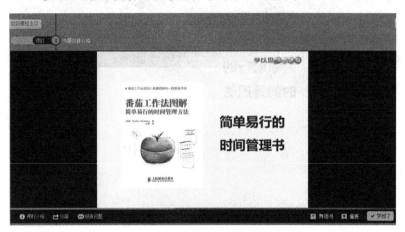

图 2-1-9　播放课程视频

（10）若学习过程中断，在下次进入该课程学习环境时，将显示"继续学习"按钮，单击，即可从上次结束点观看课程视频，如图 2-1-10 所示。

图 2-1-10　显示"继续学习"按钮

知识链接

1. 慕课（MOOC）

慕课是新近出现的一种在线课程开发模式，它源于过去的那种发布资源、将学习管理系统与更多的开放网络资源综合起来的旧的课程开发模式。通俗地讲，慕课是为了增强知识传播而由具有分享和协作精神的个人组织发布的、散布于互联网上的开放课程。

所谓"慕课"（MOOC），顾名思义，"M"代表 Massive（大规模），与传统课程只有几十个或几百个学生不同，一门 MOOC 课程动辄上万人，最多竟达 16 万人；第二个字母"O"代表 Open（开放），凡是想学习的人，都可以进来参加学习，不分国籍，只需要一个网上邮箱，就可注册参与；第三个字母"O"代表 Online（在线），学习在网上完成，不受时空限制；第四个字母"C"代表 Course（课程）。

大规模在线课程始于 2011 年秋天，教学课程大规模上网，被誉为"印刷术发明以来教育最大的革新"，2012 年，被《纽约时报》称为"慕课元年"。

MOOC 是以连通主义理论和网络化学习的开放教育学为基础，跟传统的大学课程一样，循序渐进地让学生从初学者成长为高级人才的教学模式。课程的范围不仅覆盖了广泛的科技学科，如数学、统计学、计算机科学、自然科学和工程学，也包括社会科学和人文学科。慕课课程不提供学分，也不算本科或研究生学位课程。通常，参与慕课学习是免费的，然而，学习者若试图获得某种认证，有些网络开放课程可能会收取一定学费。

MOOC 课程有频繁的小测验，有时还通过期中和期末考试检验学习效果。考试通常由同学评分（比如一门课的每份试卷由同班的五位同学评分，最后分数为平均数）。学习者可以成立网上学习小组，也可以就近结成网下学习小组。

Coursera 是目前最大的 MOOC 平台，拥有相近 500 门来自世界各地大学的课程，门类丰富，不过也良莠不齐。

Udacity 是成立时间最早的 MOOC 平台，以计算机类课程为主，课程数量不多，却极为精致，许多细节专为在线授课而设计。

国内的慕课网由北京慕课科技中心管理，是国内慕课的先驱者之一。目前设有前端开发、PHP 开发、Java 开发、Android 开发及职场计算机技能等课程。课程包含初级、中级、高级三个阶段。慕课网是一个互联网、IT 技术免费学习平台，有网络一站式学习、实践体验，服务及时、贴心，内容专业、有趣、易学。

"酷学习"网是上海推出的首个基础教育慕课公益免费视频网站，"酷学习的价值观是'免费、分享、合作'。"希望孩子们能在网上快乐地学习，也希望能为边远地区教育资源贫乏的孩子们提供优质的教学服务。

2. 微课

微课程（Microlecture）这个术语并不是指为微型教学而开发的微内容，而是运用建构主义方法简化的、以在线学习或移动学习为目的的实际教学内容。

微课程应用较多的领域是职业教育，考试培训和企业培训市场的微课程还比较少，随着智能手机应用，微学习已经开始快速蔓延，微课程以其简短精悍的特点必将成为人们推崇的课程教学方法。

微课制作主要分为三种类型。

第一种类型：PPT式微课程。此课程比较简单，PPT由文字、音乐、图片构成，设计PPT成自动播放功能，然后转换成视频，时间在5分钟左右。

第二种类型：讲课式微课程。由讲师按照微课程要求，按照模块化进行授课拍摄，经过后期剪辑转换，形成微课程，时间为5~10分钟。

第三种类型：情景剧式微课程。此课程借鉴电影、电视拍摄模式，先期组成微课研发团队，对课程内容进行情景剧式设计策划并撰写脚本，然后选择导演、演员进行场地拍摄，并经过制片人后期视频剪辑制作，最终形成微课程，时间为5~10分钟。

3．反转课堂式教学模式

"翻转课堂"是从英语"Flipped Class Model"翻译过来的术语，也被称为"翻转课堂式教学模式"，简称"翻转课堂"或"反转课堂"。与传统的课堂教学模式不同，"翻转课堂式教学模式"要求学生在家完成知识的学习，而课堂变成了老师、学生之间和学生与学生之间互动的场所，包括答疑解惑、知识的运用等，从而达到更好的教育效果。

2007年春天，乔纳森•伯尔曼（Jon Bergmann）和亚伦•萨姆斯（Aaron Sams）开始使用屏幕捕捉软件录制PowerPoint演示文稿的播放和讲解，并把结合实时讲解的PPT演示视频上传到网络，以此为课堂缺席的学生补课。更具开创性的是两位教师逐渐以学生在家看视频听讲解为基础，节省出课堂时间为完成作业或做实验有困难的学生提供帮助。不久，这些在线教学视频被更多的学生接受并广泛传播开来。此后，翻转课堂的方法逐渐在美国流行，并引起争论。

乔纳森•贝格曼和亚伦•萨姆斯认为翻转课堂不是在线视频的代名词。翻转课堂除了教学视频外，还有面对面的互动时间，有同学和教师一起进行有意义的学习活动。它不是视频取代教师，不是在线课程，不是学生无序学习，不是让整个班的学生都盯着电脑屏幕，不是学生在孤立地学习。

翻转课堂是一种增加学生和教师之间互动和个性化接触时间的手段，是让学生对自己学习负责的环境，老师是学生身边的"教练"，不是在讲台上的"圣人"。该教学法混合了直接讲解与建构主义学习思想，能保证课堂缺席学生不落课。课堂的内容得到永久存档，也可用于复习或补课。翻转课堂是让所有的学生都能积极学习的课堂，也是让所有学生都能得到个性化教育的课堂。

完成翻转课堂需要有以下过程：

（1）创建教学视频。首先，应明确学生必须掌握的目标，以及视频最终需要表现的内容；其次，收集和创建视频，应考虑不同教师和班级的差异；第三，在制作过程中应考虑学生的想法，以适应不同学生的学习方法和习惯。

（2）学生学习。学生观看教学视频，记录学习过程中存在的各种问题，并详细规划在课堂活动中自己动手或需要老师、同学帮助解决的内容。

（3）组织课堂活动。教学内容在课外传递给了学生，课堂内更需要高质量的学习活动，让学生有机会在具体环境中应用其所学内容。其中包括学生创建内容、独立解决问题、探究式活动、基于项目的学习等。

4．网上学习平台

网上学习已成为一种时尚，更是一种方便获取知识的手段。学习网站通常以内容和对象分类，也有一个网站包含多种适用对象的内容，所以选择适合自己的网站较为容易，以下是一些常用网上学习平台。

通用类：百度传课、学习啦、360教育等。
中小学：家教114、北京四中网校、中国统一教育网、学而思网校、101远程教育网、金钥匙学校、红黄蓝早教、邦德教育、卓越教育等。
大学：新浪公开课、凤凰公开课、网易公开课、腾讯公开课、搜狐公开课、优酷公开课等。
考研：同达考研、文登教育、万海教育等。
外语：新东方在线、瑞思学科英语、华尔街英语、英孚教育、韦博国际英语、齐进法语等。
社考：中公网校、学易网校、中华会计网校、中大网校、万学教育等。

5. App

App是Application的简称，现在多指智能手机的第三方应用程序。

随着智能手机和iPad等移动终端设备的普及，人们逐渐习惯了使用App客户端上网，国内各大电商均拥有自己的App客户端。目前App的应用流量远远超过传统互联网（PC端）的流量，通过App进行盈利也是各大电商平台的主要发展方向。事实表明，各大电商平台向移动App的倾斜十分明显，这不仅仅归功于每天增加的流量，更重要的是手机移动终端的便捷，为商家积累了更多的用户，从而为企业的创收和未来发展起到了关键性的作用。

现在用户基数较大、用户体验不错的客户端有：大众点评、美团、携程旅行、淘宝、京东商城、当当网、苏宁易购、百度地图、微信、陌陌、网易新闻、汽车之家等，当然游戏、阅读等热门应用也是数不胜数。

 任务拓展：网络听书

观看网络视频或在线学习在某些时候可能有局限性，如在拥挤的公交和地铁上，"看的学习"可能不现实，但"听的功能"仍可以最大限度利用时间帮助人们获取知识。听书软件就是一款利用听觉帮助人们学习的软件，通常听书软件有电脑版和手机版两种，手机听书软件是最常用的一种。使用手机"酷我听书"获取知识的具体方法如下：

（1）在手机中下载、安装"酷我听书"软件。
（2）单击手机中的"酷我听书"图标，进入"酷我听书"选择页面，如图2-1-11所示。

 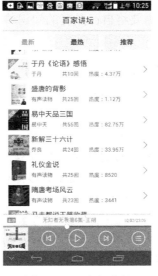 

图2-1-11　分类选择　　　　图2-1-12　内容选择　　　　图2-1-13　播放界面

（3）在"分类"里选择"百家讲坛"，显示该栏目所提供的所有内容，如图 2-1-12 所示。

（4）如想了解易中天讲解的三国内容，可单击"易中天品三国"，屏幕将显示该项目简介，单击"播放"按钮，即可收听所选内容，如图 2-1-13 所示。

 提示

为了节省流量，可在有 WiFi 处将选择内容下载至手机，然后播放。长期大音量使用耳机，对听力有一定伤害。

 常见问题及解决策略

1. 课程中断后继续学习

学习者能自己掌控学习时间，是网络学习的主要特点。为了满足学习者中途退出的学习要求，提供视频学习的网站一般都具有从退出处接着播放的记忆功能，以确保参加网络学习的连续性，因此，学习者不用考虑学习中断后重新开始的断接点问题。对于一些个人上传的教学视频和网上实时教学的内容，则存在中断后继续学习的问题，若学习者确实要中途退出学习，可采用下载后播放或软件录屏的方法，保证自己能够断续参加、完整学习的要求。

2. 视频播放不流畅

主要原因可能有网络速度问题、计算机硬件问题或视频本身的质量问题等，找出产生问题的原因才可能有针对性地解决问题。若是计算机本身的内存、速度等造成的播放断续问题，可以在播放视频时关闭与播放无关的所有程序；若怀疑视频本身有问题，可更换播放器播放，通过查看效果来判断；若网速过慢，则需要减少同时上网机器数量或租用更高网速的链路来解决。

任务二　制作网络学习资源

人们在享受网络资源带来学习便利的同时，也应该考虑如何将自己的技术特长、学习心得等与他人分享，具有教学能力者更需要将自己具有的知识传播出去，使网络成为大家交流技术、传播知识的平台。

案例 4：制作网络教学视频

网络中的学习资源有文字类型、PPT 播放类型，更多的是教学视频类型，相对于静态的学习资料，观看动态教学视频的学习效果更好。自己动手制作视频教学资料并不困难，使用专门软件和简单的硬件设备，就可以制作出优质的教学视频。

制作视频的软件有很多，超级捕快就是国内一款优秀的录像软件，该软件因操作简单、图像效果清晰而深受网友喜爱。超级捕快能够捕捉家庭摄像机 DV、数码照相机 DC、电脑屏幕画面、聊天视频、游戏视频或播放器视频画面，并保存为 AVI、WMV、MPEG、SWF、FLV 等视频文件的优秀录像软件。该软件允许在捕捉的视频上添加日期、叠加文字、叠加图像（水印）等，同时也支持非压缩 AVI、压缩 AVI（包括 DivX/XviD）或 WMV、MPEG、SWF、FLV 等多种视频文件的直接保存。其内置的广播功能可以将实时动态录像广播至网络，实现远程浏览器共享收看。

张老师既是网络学习的受益者,也是网络学习资源的发布者。他经常利用闲暇时间,将自己的专业教学内容制作成短小的教学视频,上传至网络与网友分享。

任务活动

1. 教师讲解制作视频的准备工作、演示使用超级捕快制作视频的操作过程

(1)前期准备工作。
(2)制作视频操作过程和可能遇到的问题。

2. 学生选择自己感兴趣的内容制作一段视频

(1)制作一段教学视频。
(2)反思操作过程遇到的问题及解决办法。

3. 师生讨论操作中遇到的问题和解决方法

(1)前期准备对后期操作的影响?如何高效完成准备工作?
(2)制作视频过程中最容易遇到哪些问题?

任务操作

(1)双击"超级捕快"快捷图标,打开"超级捕快"显示操作主界面,如图 2-2-1 所示。

图 2-2-1 "超级捕快"主界面

(2)选择"电脑屏幕录像"选项卡,选择"录像导出格式"、是否录制声音和音量大小等内容后,单击"开始录像"按钮,打开"设置导出的 WMV 质量参数:"对话框,如图 2-2-2 所示。

图 2-2-2 设置录像格式质量

选择"DV/DC/TV/摄像头捕捉"选项卡，可以拍摄视频图像，选择"电脑屏幕录像"选项卡，主要是为了录制屏幕显示的操作过程；选择不同的录像导出格式，需要设置不同参数。

（3）单击"下一步"按钮，打开"开始录制"对话框，如图 2-2-3 所示。

图 2-2-3　查看详细信息

（4）输入文件保存路径和文件名，或单击"浏览"按钮，打开"请输入待保存的视频文件名称："对话框，如图 2-2-4 所示。选择文件保存位置，输入文件名后，单击"保存"按钮，返回"开始录制"对话框。

图 2-2-4　"请输入待保存的视频文件名称"对话框

（5）单击"立即录制"按钮，开始屏幕操作录像。若选中"延迟录制"复选框，并输入延迟时间后，单击"延迟录制"按钮，显示录制倒计时，延迟时间结束开始录制，如图 2-2-5 所示。

图 2-2-5　"开始录制"对话框

（6）录制过程需要停顿时，按【Ctrl+P】组合键暂停录制；录制结束，按【Ctrl+Q】组合键停止录制。

(7) 在指定位置找到录制的视频文件，双击可打开播放器播放录制的视频。
(8) 视频文件上传至网络。

知识链接

1. 教学视频制作流程

个人制作教学视频的流程相对简单，主要包括撰写讲稿、录制视频和后期编辑 3 个过程。其中撰写讲稿是关键，讲稿中不仅有全部的教学内容，有重点强调的操作内容，更要注明操作和语言的配合点。录制视频过程中应注意语言流畅，操作和语言衔接"同步"，形成音画一体的效果。面对摄像头产生无形压力，语言和表情会出现瑕疵，使包含教学者的镜头可使用率下降，建议控制在 30%~50%。后期加工编辑是精益求精的过程，若录制视频不存在严重问题，可只进行简单剪辑去除教学连接性的瑕疵。

同步录屏的课程视频制作需要计算机、摄像头、麦克风和录屏软件等设备，教师播放教学 PPT，使用录屏软件录屏、录音。教师结束教学，停止录屏。

2. 视频制作工具

视频制作的工具软件种类很多，在网上可以搜索到以下几种。

(1) KK 录像机。

KK 录像机是一款国产免费集视频录制、编辑、上传于一体的高清视频录制软件。用户使用该软件可以录制游戏视频、在线视频、聊天视频、网络课件、电脑屏幕等，还能轻松剪切视频、合并视频，为视频添加字幕、音乐、水印等各种特效，视频上传功能允许将录制的视频上传土豆、酷 6 等视频网站。

(2) Bandicam 高清视频录制工具。

Bandicam 是由韩国开发的高清视频录制工具，支持 H.264、MPEG-1、Xvid、MJPEG、MP2、PCM 编码格式，能够录制 3840×2160 高清晰度的视频。主要特点有：被录制的视频容量很小，能够 24 小时以上录制视频，能够将录制的视频上传到网站等。

(3) 屏幕录像专家。

屏幕录像专家是一款国产的屏幕录像制作工具。使用它可以轻松地将屏幕上的软件操作过程、网络教学课件、网络电视、网络电影、聊天视频等录制成 FLASH 动画、WMV 动画、AVI 动画或者自播放的 EXE 动画。

(4) Screen Video Recorder。

Screen Video Recorder 是一款简单高效，功能强大的国外收费视频录制软件，它可以针对全屏或者屏幕上任何区域录制视频。使用它可以录制声音和鼠标轨迹，可以录制来自 AIM、MSN、ICQ、Yahoo Messenger 的视频聊天内容，还可以录制电视卡、网络视频或者媒体播放器中的视频内容。

3. 数码摄像机及使用

满足多媒体作品需要的视频素材，多是用户自己使用数码摄像机拍摄的内容。使用数码摄像机录制视频时，要注意采集声音、拍摄高质量画面等，数码摄像机的基本结构如图 2-2-6 所示。熟悉各部件或按钮的功能是使用数码摄像机的前提，使用方法及注意事项如下：

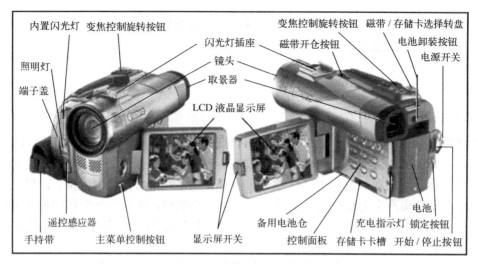

图 2-2-6　数码摄像机的基本结构

（1）安装电池、存储卡等，取下镜头盖，打开电源开关，打开 LCD 屏。

（2）正确持机。对于便携式数码摄像机，要用手稳稳地托住摄像机，右手除大拇指外穿过手持带握紧摄像机的主体部位，然后把拇指放在"开始/停止"按钮上，将其余的手指搭在机器的前部即可。

（3）摄像取景应采用双眼扫描的方式，在用右眼紧贴在寻像器的目镜护眼罩上取景的同时，左眼负责纵观全局，留意拍摄目标的动向及周围所发生的一切，随时调整拍摄方式，避免因为一些小小的意外而毁了自己的作品，也避免因为自己的"专一"而漏掉了周围其他精彩的镜头。

（4）按下"开始/停止"按钮，开始拍摄。拍摄过程中，被摄景物一直在 LCD 屏上显示。再次按下"开始/停止"按钮，拍摄结束。

（5）在摄像机"控制面板"中，通过相应的按钮播放视频，查看拍摄的视频。

（6）用 USB 连接线连接摄像机和计算机，将所拍摄的视频文件复制到计算机中。也可将摄像机的存储卡取出，借助读卡器，将视频文件复制到计算机中。

 任务拓展：剪接视频

自己制作的视频很可能存在诸多不如意的地方，如连续性不好、有画外噪音、出现干扰较大的画面等等，此时使用专门的视频剪辑软件可以很好解决类似问题。视频剪辑软件很多，Adobe Premiere CS6 就是一款不错的视频剪辑软件。剪接视频文件的操作过程是先熟悉所有素材，了解表现目的和表现形式的需求，明确在素材中截取哪些视频片段，然后按情节编排与镜头组接规律，完成从粗剪到精剪的过程。并配上音频，进行转场、特效、合成等后期技术处理。剪接视频时，要注意表现内容和表现形式的统一，要反复听、看，感受合成效果。使用 Adobe Premiere CS6 剪接视频的方法如下：

（1）打开 Adobe Premiere CS6 软件，在欢迎屏幕中单击"新建项目"按钮，打开"新建项目"对话框，如图 2-2-7 所示。

图 2-2-7 "新建项目"对话框

（2）保存位置选择"D:\我的剪辑"，文件名命名为"我的剪辑"，单击"确定"按钮，打开"新建序列"对话框，如图 2-2-8 所示。

图 2-2-8 "新建序列"对话框

（3）在"序列预设"选项卡中选择"DV-PAL"下的"标准 48kHz"，序列名称命名为"序列 01"，单击"确定"按钮，进入 Adobe Premiere CS6 主界面，如图 2-2-9 所示。

图 2-2-9 Adobe Premiere CS6 主界面

（4）单击"文件"→"导入"命令，打开"文件导入"对话框，选择素材，导入文件后，"项目"窗口如图2-2-10所示。

图 2-2-10 "项目"窗口

（5）双击素材"01 韩天宇……"，素材01出现在"素材源"监视器中，如图2-2-11所示。

图 2-2-11 "素材源"监视器

（6）单击"素材源"监视器中的"播放"按钮，注意观察"素材源"监视器中自己所需要的视频片段。例如需要从 00:01:41:20 到 00:02:02:10 这一段，拖动时间指针到 00:01:41:20 处，单击"素材源"监视器中的"入点"按钮，拖动时间指针到 00:02:02:10 处，单击"素材源"监视器中的"出点"按钮，单击"素材源"监视器右下角的"插入"按钮，将所选视频片段插入到时间线上。"时间线"窗口如图2-2-12所示。

图 2-2-12 "时间线"窗口

（7）用同样办法，把其他"精彩瞬间"插入到时间线上，选择"时间线"面板中的音频2时间线，在素材源窗口将剪辑音频"国歌.mp3"素材插入到音频2上，如图2-2-13所示。

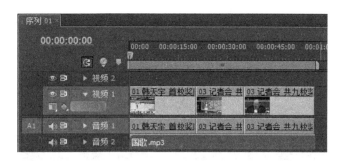

图 2-2-13　将素材插入到音频 2 上

（8）将"时间线"窗口的时间指针移到开始处，单击"节目"监视器中的"播放"按钮，观看剪辑效果，如图 2-2-14 所示。适当调整各声道的音量大小，检查声音效果。

图 2-2-14　"节目"监视器

（9）在"项目"窗口中右击，选择"新建分项"→"字幕"命令，打开"新建字幕"对话框，输入名称"精彩瞬间"，单击"确定"按钮，打开"字幕编辑"窗口，单击编辑区，输入文本"精彩瞬间"，字体设为"STXinwei"（华文新魏），如图 2-2-15 所示。

图 2-2-15　"字幕编辑"窗口

（10）关闭"字幕编辑器"窗口，将"项目"窗口中的"精彩瞬间"字幕拖放到"时间线"窗口的视频 2 上，在结尾处拖动鼠标，调整长度，如图 2-2-16 所示。

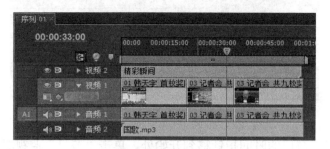

图 2-2-16　将"精彩瞬间"字幕拖放到视频 2 上

（11）在"效果"面板中，选择"视频切换"→"叠化"→"交叉叠化"，如图 2-2-17 所示。

图 2-2-17　"效果"面板

（12）将"交叉叠化"效果拖放到"时间线"窗口视频 1 的前两段视频中间，用同样办法将"白场过渡"效果拖放到第 2 段和第 3 段视频中间，如图 2-2-18 所示。

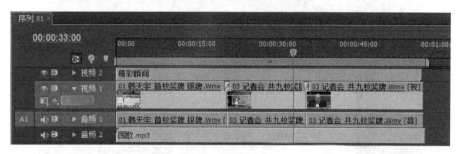

图 2-2-18　添加"白场过渡"效果

（13）双击视频 1 的片段 1 和片段 2 之间的"交叉叠化"转场过渡图标，在"特效控制台"中调整"交叉叠化"转场过渡效果，持续时间调整为 3 秒，如图 2-2-19 所示。

项目二　网上学习

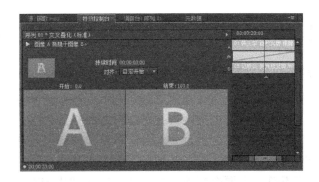

图 2-2-19　调整"交叉叠化"转场过渡效果

（14）用同样办法调整"白场过渡"效果。

（15）单击"文件"→"存储"命令，保存项目。单击"时间线"窗口，使"时间线"窗口为选中状态，单击"文件"→"导出"→"媒体"，打开"导出设置"窗口，如图 2-2-20 所示。

图 2-2-20　"导出设置"窗口

（16）设置"格式"为"H.264"，"预置"为"PAL DV 高品质"，"输出名称"为"D:\我的剪辑\序列 01.mp4"，单击"确定"按钮，进行导出，如图 2-2-21 所示。

图 2-2-21　正在导出"序列 01"

（17）编码结束后，关闭窗口，文件"D:\我的剪辑\序列 01.mp4"是最终成果。

Adobe Premiere CS6 是众多视频剪辑工具中的一种，使用其他专门软件同样可以完成相关操作。

033

常见问题及解决策略

1．录制的教学视频不符合网站要求

自己录制的视频不符合网站要求主要出现在视频格式、视频清晰度和视频内容等方面。避免出现视频格式与网站要求不符，可先上网查看网站对视频格式的要求，然后录制，对于录制好的视频可进行格式转换后上传，使之满足要求。清晰度和内容也是常见问题，使用摄像头录制时的像素设置可能影响清晰度，可试录观看效果后，确定录制视频的各个参数。若上传的视频内容与网站的主题内容不符，主要会影响传播效果，建议找内容对口的网站上传视频。

2．对自己录制的视频不满意

由于不是专业的视频制作者，对自己录制视频效果不满意是很正常的事情。主要问题有两个，一是对效果不满意，二是对出现在画面中的形象不满意。前者可以通过多次录制尝试积累经验，逐步提高视频制作水平，后者可以通过减少教学者出现在画面中的时间来解决。制作教学视频的目的在于传授知识和技能，录制者应重点关注教学效果，以此作为检验质量的重要标准，在此基础上再考虑画面优美等问题。

项目小结

本项目以借助网络获取和传播知识为主要目的，以参加网上课程学习和制作网络教学视频两个具体任务为过程，希望通过实际训练达到项目设定的基本目标，使学习者成为利用网络学习和分享知识技能的高手。

参加网络课程学习是获取知识和技能的一种有效途径，掌握网络课程学习的基本技能也是信息化社会对每一个人提出的基本要求。利用网络学习的基本操作方法并不难，而养成良好的网上学习习惯则并不容易。

利用网络传播知识和技能也是网络生活的一项重要内容，分享到网络中的教学资源可以是 Word 文档，可以是教学 PPT，也可以是教学视频文件。使用专门的视频制作工具，可以制作边讲边进行屏幕操作的录屏教学视频，也可以制作出教师课堂教学类型的教学视频。制作教学视频的专门软件很多，熟练掌握其中一种，就可以制作出满足网络传播要求的视频教学文件。

项目考核

学习任务完成后，可以进行自评、互评和教师点评，形成个人和学习小组任务完成情况总体评价。合作学习评价的内容和要求参见项目一，知识、技能评价的内容和要求如下。

（1）对网络学习资源的了解。

能清楚描述网络学习资源的内容和种类，理解网络学习资源对人们的帮助作用。

（2）参加网络课程学习的熟练程度。

能选择对自己有帮助的网络课程，顺利完成网上课程学习。

（3）对制作网络教学视频的了解。

了解制作网络教学视频的要求、工作流程和制作工具。

（4）使用教学视频制作工具的熟练程度。

会使用专门软件录制屏幕操作，会进行简单的视频剪辑。

项目习题

1. 单项选择题

（1）录制教学视频时，包含教学者的镜头建议控制在（　　）。
　　A．10%～20%　　B．30%～50%　　C．5%～15%　　D．15%～25%
（2）使用"超级快捕"软件录制屏幕操作时，可以设置（　　）时间。
　　A．录制　　　　B．播放　　　　C．录制结束　　D．延迟录制
（3）有资料称，网络公开课最早起源于（　　）。
　　A．美国的网上教学　　　　　　B．美国的翻转课堂
　　C．英国的远距离教学　　　　　D．可汗学院的网络课程
（4）网上学习是利用计算机网络进行的一种学习活动，是（　　）和协作学习相结合的学习方式。
　　A．自主学习　　B．视频学习　　C．网络学习　　D．间接学习

2. 多项选择题

（1）使用软件KK录像机可以录制（　　）。
　　A．游戏视频　　B．网络课件　　C．电脑屏幕　　D．聊天视频
（2）网络课程包括（　　）。
　　A．高校的课堂录像　　　　　　B．网上教学视频
　　C．网上的教学音频　　　　　　D．网上的实时教学
（3）所谓"慕课"（MOOC）是指（　　）、（　　）、（　　）的课程。
　　A．在线式　　　B．开放型　　　C．大规模　　　D．集成式
（4）翻转课堂不是（　　）。
　　A．视频取代教师　　　　　　　B．在线课程
　　C．学生无序学习　　　　　　　D．学生在孤立的学习

3. 判断题

（1）"酷学习"网是基础教育慕课的公益免费视频网站。（　　）
（2）网易云课堂主要提供高等教育教学内容。（　　）
（3）微课程以其简短精悍的特点将成为主要的课程教学方法。（　　）
（4）翻转课堂是一种增加学生和教师互动和个性化接触时间的手段。（　　）
（5）录制教学视频主要包括撰写讲稿、录制视频和后期编辑3个过程。。（　　）

4. 简答题

（1）网上有哪些可供选择的公开课？
（2）参加网上学习的主要目的有哪些？

（3）为什说网上学习将成为知识拓展的有效途径？
（4）为什么制作网络教学视频应控制教学者的出境率？
（5）为什么网络中的信息会有那么多的错误？

5．实训题

（1）系统参加一门网络课程学习，完成学习后从技术和知识两个方面总结收获。
（2）制作一个特定内容的教学视频，总结视频制作经验。

网上通信

通信是人与人之间通过某种媒体进行的信息交流与传递活动，随着网络连接的范围不断扩大，应用的内容不断增多，人与人之间的交流越来越多地转移到了互联网上。在互联网上，可以快速、及时地进行人与人之间和人与人群之间的文本、图片、声音、视频信息的传递，这种交流模式给人与人之间的沟通提供了很大的方便，实现了人们跨时间、跨地域的联络。目前，利用互联网进行通信是一种时尚，是一种高效、方便的沟通渠道，也是信息社会对人们提出的一种基本要求。

项目目标

- 了解网络通信的基本方法。
- 会利用网络聊天工具传送文本、图片、声音、视频等信息。
- 了解网络信息发布方法，能够通过微博发布消息。

任务一 网络聊天

利用网络进行聊天交流被称为网上聊天，网上聊天不局限于文字信息沟通的聊天，还包括网上语音聊天和视频聊天。从聊天信息的发送和接收对象分类，有电脑对电脑、电脑对手机、手机对电脑、手机对手机 4 种。网络聊天是网上交流的一种方式，是扩大交友范围、方便信息收集、加强社会联系、促进心灵沟通的重要手段，也是网上生活的重要组成部分。

案例 5：使用 QQ 工具联系好友

网络聊天工具又称为 IM 软件或者 IM 工具，主要提供基于互联网络客户端的实时语音、文字传输。目前，国内常用的聊天工具有 QQ、微信、飞信、阿里旺旺等。

QQ 是腾讯公司于 1999 年 2 月正式推出的第一个即时通信软件。经过数年的发展，QQ 已拥有超过 8 亿的月度活跃用户，同时在线账户也可用"亿"来计算，QQ 已经是国内使用人数最多的网络即时通信软件。

QQ 最常用的功能是在线聊天，及时传送文本、图像、声音、视频信息等，也有通过网络传送文件、远程协助、发布微博、建立 QQ 群和讨论组等功能。

小李就是 QQ 聊天环境的常客，他利用 QQ 平台建立了自己的朋友圈，QQ 已成为他联系朋友的主要渠道，使用 QQ 既省钱也便捷。

任务活动

1. 教师讲解、演示使用 QQ 聊天工具的操作过程

（1）文本聊天、语音聊天、视频聊天、文件传输、QQ 群。

（2）QQ 聊天过程和聊天过程可能遇到的各种问题。

2. 学生选择自己感兴趣的话题进行各种聊天尝试

（1）利用 QQ 进行网络私聊、群聊。

（2）反思网络聊天过程遇到的问题及解决办法。

3. 师生讨论参加网络聊天过程中遇到的问题和解决方法

（1）怎样进行好友分类？分类的好处有哪些？

（2）如何有效防止聊天活动中的欺骗行为？

任务操作

1. 下载安装 QQ 聊天软件

（1）打开 IE 浏览器，在地址栏输入"http://www.qq.com"，按【Enter】键，打开"腾讯网"首页，如图 3-1-1 所示。

图 3-1-1 "腾讯网"首页

（2）单击右侧的"软件"链接，打开"腾讯软件中心"网页。找到 QQ 软件最新版本的下载链接，单击"下载"链接，按提示将 QQ 软件下载到本地硬盘中，如图 3-1-2 所示。

图 3-1-2 "腾讯软件中心"网页

（3）双击下载的 QQ 聊天软件，按提示步骤安装软件，去掉"完成安装"对话框中的所有勾选项，单击"完成安装"按钮，完成 QQ 聊天软件安装，如图 3-1-3 所示。

图 3-1-3 QQ 软件安装

2. 登录 QQ 聊天软件

打开 QQ 聊天软件，在出现的 QQ 登录界面，输入 QQ 账号和密码，单击"登录"按钮，进入 QQ 主界面，如图 3-1-4 和图 3-1-5 所示。

图 3-1-4 QQ 登录对话框　　　　　图 3-1-5 QQ 软件主界面

提示

若没有 QQ 账号，应单击"注册账号"链接，注册新账号，然后使用 QQ 聊天工具。

3. 添加 QQ 好友

（1）单击 QQ 主界面下方的"查找"按钮，打开"查找面板"，如图 3-1-6 所示。

图 3-1-6　查找面板

（2）在"关键词"栏中输入联系人的 QQ 账号，单击"查找"按钮，找到联系人的 QQ 信息，如图 3-1-7 所示。

（3）单击"＋好友"按钮，打开"添加好友"对话框，如图 3-1-8 所示。

图 3-1-7　找到的"联系人"　　　　图 3-1-8　"添加好友"对话框

（4）在"添加好友"对话框中输入验证信息，单击"下一步"按钮，按提示完成"添加好友"操作。

新添加的好友，只有在对方确认后才能成为真正的好友，才能出现在好友列表中。

4．与 QQ 好友聊天

（1）在 QQ 好友列表中，选择一个 QQ 好友，双击该好友图标，打开"聊天面板"，如图 3-1-9 所示。

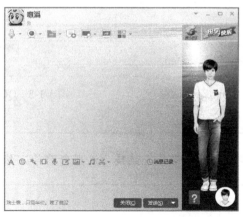

图 3-1-9　QQ "聊天面板"

（2）在"聊天面板"下方编辑区域，输入聊天信息，单击"发送"按钮，将信息发送给好友，如图 3-1-10 所示。

图 3-1-10　"聊天面板"编辑区域

利用"聊天面板"编辑区域工具栏的工具，还可以向好友发送"表情"、"抖动窗口"、"语音消息"、"图片"、"屏幕截图"、"视频动画"等，还可以为好友网上点歌。单击"消息记录"按钮，可以查看与该好友的聊天记录。

（3）单击"聊天面板"工具栏"开始语音通话"按钮的向下箭头，在出现的菜单中单击"开始语音通话"命令，在对方接受后可以和对方直接进行语音通话，如图 3-1-11 所示。

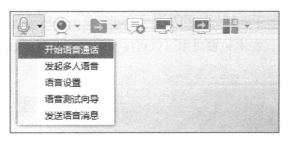

图 3-1-11　"开始语音通话"菜单

语音通话要求双方电脑有话筒和音箱（或耳麦）。

（4）单击"聊天面板"工具栏"开始视频通话"按钮的向下箭头，在出现的菜单中单击"开始视频通话"命令，在对方接受后可以和对方直接进行视频通话，如图 3-1-12 所示。

图 3-1-12　"开始视频通话"菜单

✓ 提示

视频通话要求双方电脑有话筒、音箱（或耳麦）和摄像头。

（5）单击"聊天面板"工具栏 按钮的向下箭头，在出现的菜单中单击"发送文件/文件夹"命令，在对方接受后可以向对方发送文件或文件夹，如图 3-1-13 所示。

图 3-1-13　"发送文件/文件夹"菜单

✓ 提示

若对方不在线，可选择"发送离线文件"命令传送文件。

（6）单击"聊天面板"工具栏 按钮的向下箭头，在出现的菜单中单击"请求控制对方电脑"命令，在对方接受后，在本机窗口中可以直接操作对方电脑，如图 3-1-14 所示。

图 3-1-14　"远程桌面"菜单

5. 加入 QQ 群

（1）在 QQ 软件主界面中，单击 的向下箭头，在出现的菜单中单击"查找添加群"命令，打开"查找面板"，如图 3-1-15 所示。

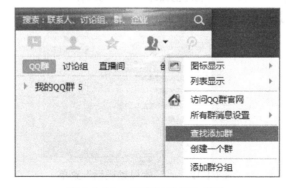

图 3-1-15　"群/讨论组"菜单

（2）在"查找面板"中输入待查找的群号或群名称，单击"查找"按钮，在查找到的群中，单击"+加群"按钮，按提示完成加入 QQ 群操作，如图 3-1-16 所示。

图 3-1-16　查找面板

（3）在 QQ 软件主界面中，单击"群/讨论组"选项，在群列表中选择一个群，双击该好友图标，打开"聊天面板"，在"聊天面板"中可以向群中发送消息，群中所有成员都能收到。

知识链接

1. QQ 好友

通过腾讯公司的聊天工具 QQ 只可以进行"熟人"间的网络聊天，陌生人之间无法聊天，即聊天双方在加为好友后，才能进行聊天、发送文件等操作。QQ 好友和现实生活中的"好朋友"有区别，QQ 好友仅代表能通过 QQ 软件进行聊天的对象或联系人，并不见得是真正生活中的好朋友，因此，好友间聊天也要警惕欺诈行为。

2. QQ 群

QQ 群是腾讯公司推出的多人聊天交流服务，群主在创建群以后，可以邀请朋友或者有共同兴趣爱好的人到一个群里面聊天。在群内除了聊天，腾讯还提供了群空间服务，在群空间中，用户可以使用群 BBS、相册、共享文件等多种方式进行交流。QQ 群的理念是"群聚精彩，共享盛世"。

3. QQ 讨论组

QQ 讨论组是一个人数上限为 50 人的临时性对话组，不会自动解散。

QQ 讨论组的好处是对创建者的 QQ 资料、等级无限制，也无需被邀请入组人员的验证即可单方面自动加他人进组，可以创建多个临时讨论组。讨论组里面没有组长和管理人员。

 ### 任务拓展：微信的应用

微信是腾讯公司于 2011 年 1 月 21 日推出的一款通过网络快速发送语音短信、视频、图片和文字，支持多人群聊的手机聊天软件。用户可以通过微信与好友之间进行更加丰富的类似于电话、短信、彩信等方式的联系。

微信正成为影响人们生活的一种通信方式，微信支持查看所在位置附近使用微信的人，微信的"摇一摇"能帮助使用者结识世界各地的朋友，微信支持腾讯微博、QQ 邮箱、漂流瓶、语音记事本、QQ 离线消息、微信支付、游戏中心等功能。使用微信的方法和步骤如下：

（1）在智能手机上下载、安装微信客户端，如图 3-1-17 所示。

图 3-1-17　手机安装微信客户端　　　图 3-1-18　注册微信号　　　图 3-1-19　登录微信

（2）点击"微信"图标，打开微信注册操作界面，输入"昵称"、"手机号码"、"密码"，注册自己的微信号，如图 3-1-18 所示。

（3）在微信登录界面，输入"手机号码"和"密码"，点击"登录"，登录微信客户端，如图 3-1-19 所示。登录成功后，操作界面如图 3-1-20 所示。

图 3-1-20　登录成功　　　图 3-1-21　添加好友　　　图 3-1-22　查找朋友

（4）点击"+"，在下拉菜单中点击"添加朋友"，可进入添加朋友操作界面，如图 3-1-21 所示。输入"微信号或 QQ 号或手机号"，可查找、添加好友，若选择"雷达加朋友"或"扫一扫"，可以添加身边的朋友，如图 3-1-22 所示。

（5）选择好友，输入要发送的文字信息，点击"发送"，信息发送至微信好友，如图 3-1-23 所示。

（6）在信息发送界面，点击"😊"，按下"按住　说话"，可将语音信息传送给对方，如图 3-1-24 所示。点击"📍"或"📷"，可以发送"位置"信息或进行视频聊天，如图 3-1-25 所示。

项目三　网上通信

图 3-1-23　发送文字信息　　图 3-1-24　发送语音信息　　图 3-1-25　其他类信息发送

为了节省流量，可在有 WiFi 处下载安装微信客户端，或观看微信接收的视频文件。

常见问题及解决策略

1. 出现 QQ 消息发送超时

出现此种情况，可能与本地计算机的设置及程序安装有关，建议的解决策略如下：

（1）检查是否为非官方 QQ 版本、是否装有某些非官方的 QQ 插件；

（2）将 QQ 软件完全卸载再使用新路径安装官方最新版本；

（3）检测系统是否存在漏洞或有非法病毒代码入侵；

（4）测试网络是否稳定，若确为网络稳定性造成超时问题，应检查网络线路，同时也可咨询网络服务商。

2. QQ 账号被盗

QQ 账号丢失是应用中的常见问题，具有一定的防护意识可以有效保护账号安全。在确定账号被盗以后，通过腾讯可以找回账号。通常从以下几个方面入手可以解决账号被盗问题。

（1）不要随意登录来历不明的网站，不接受不明信息来源的文件，防止木马入侵计算机，建议安装 QQ 电脑管家，定期修复漏洞保护计算机。

（2）为 QQ 账号设置密码保护，如绑定密保手机/密保卡/手机令牌、设置密保问题等；

（3）在登录 QQ 时，如果系统提醒账号出现异常，应立刻修改密码；

（4）使用复杂密码、定期修改密码，避免在其他网站透露 QQ 密码或随意告知他人；

（5）提高应用安全意识，如更新操作系统补丁、安装杀毒软件并及时更新病毒库、定期查杀病毒等，推荐下载 QQ 电脑管家管理系统。

（6）如果发现 QQ 账号被盗，可以进入腾讯号码安全服务专区，输入自己的 QQ 号码，根据号码的实际情况按页面的指引找回自己的 QQ 密码。

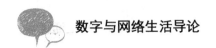

任务二 信息发布

日常生活中，我们会有很多经历、经验，也会有很多感想、感慨，更会有很多思考、发现，这些信息都可以通过网络发布出去，以便与更多的人交流、分享自己每时每刻的经历和感悟。网上有很多信息发布平台，完全能满足用户在网络自由发布信息的需要。

案例6：使用新浪微博

微博（Weibo）是微型博客（MicroBlog）的简称，即一句话博客，也是一种通过关注机制分享简短实时信息的广播式的社交网络平台。最早也是最著名的微博是美国的 Twitter。2006年3月，博客技术先驱 Blogger 创始人埃文·威廉姆斯（Evan Williams）创建的新兴公司 Obvious 推出了微博服务。目前，国内四大门户网站（新浪、腾讯、网易、搜狐）均开设有微博。

微博提供了一个平台，登录平台既可以作为观众，浏览感兴趣的信息，也可以作为发布者，在微博上发布内容供别人浏览。允许发布的内容一般较短，例如，140字的限制，微博也由此得名。利用微博也可以发布图片，分享视频等。微博作为一种分享和交流平台，更注重时效性和随意性，微博能表达出每时每刻的思想和最新动态。

新浪微博是一个由新浪网推出，提供微型博客服务的网站。用户可以通过网页、WAP 页面、手机客户端、手机短信、彩信发布消息或上传图片。新浪的微博可以理解为"微型博客"或者"一句话博客"，用户可以将看到的、听到的、想到的事情写成一句话，或发一张图片，通过电脑或者手机随时随地分享给朋友，一起讨论。还可以关注朋友，及时看到朋友们发布的信息。2014年3月27日，新浪微博正式更名为"微博"，并于2014年4月17日在美国纳斯达克正式挂牌上市。

小李成功注册了新浪微博后，就开始利用微博和朋友分享、交流信息，不仅及时发表对关注事件的看法，也和朋友分享快乐的心情，微博成为他传播正能量的有效平台。

任务活动

1．教师讲解、演示登录微博、使用微博的操作过程

（1）关注、转发、评论、私信、微群。
（2）微博操作过程和可能遇到的问题。

2．学生使用微博发布个人信息

（1）学生使用微博发布一句话消息，查看别人发布的消息。
（2）反思使用微博过程遇到的问题及解决办法。

3．师生讨论使用微博过程中遇到的问题和解决方法

（1）怎样找到自己关注的人和事？
（2）怎样建立自己的好友圈？

任务操作

（1）打开 IE 浏览器，在地址栏输入"http://www.weibo.com"，按【Enter】键，打开"新

浪微博"登录页面，如图 3-2-1 所示。

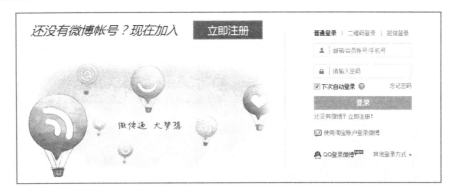

图 3-2-1 "新浪微博"登录页面

（2）选择合适的登录方式，输入"账号"和相应的"密码"，单击"登录"按钮，登录到"新浪微博"主页，如图 3-2-2 所示。

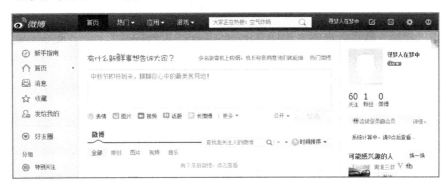

图 3-2-2 "新浪微博"主页

若没有微博账号，可单击"立即注册"链接，注册新浪微博账号。

（3）在"新浪微博"主页编辑区域撰写微博内容（输入文本，添加表情、图片、视频等），单击"发布"按钮，发布微博，如图 3-2-3 所示。

图 3-2-3 发布微博

"[蜡烛]"是插入表情"蜡烛"后自动生成的。

（4）在"新浪微博"主页右侧个人头像或昵称上单击鼠标，进入新浪微博个人主页，如图3-2-4所示。

图 3-2-4　新浪微博个人主页

（5）单击"相册"链接，进入"相册"页面，单击"上传图片"，选择照片上传，如图3-2-5所示。

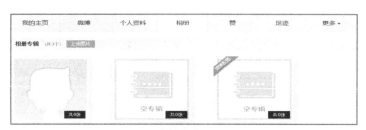

图 3-2-5　新浪微博个人相册

（6）单击网页最上方导航条中的"首页"按钮，回到"新浪微博"主页，注意中间部分的微博信息，如图3-2-6所示。

图 3-2-6　"新浪微博"主页中部的微博信息

（7）单击"+关注"按钮，打开"关注成功"对话框，选择合适的备注名称和分组，单击"保存"按钮，则对该用户的"关注"设置成功，如图3-2-7所示。

项目三　网上通信

图 3-2-7　"关注成功"对话框

（8）单击"赞"按钮，给该微博一个"赞"。

（9）单击"转发"按钮，打开"转发微博"对话框，选择转发目的，输入评论内容，勾选"同时评论给"选项，单击"转发"按钮，转发该微博，如图 3-2-8 所示。

图 3-2-8　"转发微博"对话框

（10）单击"评论"按钮，可以对该微博进行评论，也可查看他人对该微博的评论。

（11）单击网页最上方导航条中的搜索栏的"搜索"按钮，打开"微博搜索"页面，如图 3-2-9 所示。

图 3-2-9　"微博搜索"页面

（12）选择查找的类别，输入查询关键词，单击"搜索"按钮，进行信息搜索。

知识链接

1. 粉丝

粉丝，是英语"Fans"的谐音，原指追星一族。现在微博里的"粉丝"是指支持者，在微

049

博、百度空间等多种网络空间里，粉丝就是博主、空间主的支持者。

在微博中，"关注"是指你关注的人，而"粉丝"则是指关注你的人。在登录微博后，右侧头像下方会显示你关注的人数和关注你的人数。你"关注"的人越多，则你获取的信息量相对越大。你的"粉丝"越多，则表明你发表的微博可能会被越多人看到。

2．好友圈

好友圈是微博的一种新的基于关系的半私密社交网，好友圈的关系核心是用户互为关注的好友，目的是为了促进用户在微博中的深层次关系，促进定向微博的信息发布。

用户可以在好友圈中实现以下功能：① 向好友圈定向发布微博。② 查看单独的好友圈微博消息，即好友的原创微博。

当发送微博时，若将发布按钮旁边的"公开"改为"好友圈"后发布，则此条微博仅限与你互为关注的好友可以看见，并且对方将收到好友圈消息的提醒。

3．微群

微群，就是微博群的简称。能够聚合有相同爱好或者相同标签的朋友们，将所有与之相应的话题全部聚拢在微群里面，让志趣相投的朋友们以微博的形式进行参与和交流。

在微群中，用户可以创建自己的微群，或选择自己感兴趣的微群，并且为未加入微群的用户随机推荐热门微群，根据新浪微博的推荐机制，不排除关联标签、地区与讨论话题。在微群发言界面中，参与群组的用户可以互相交流，并且同步发布至微博。

进入微群首页 http://q.weibo.com，选择左侧菜单栏的创建微群，进入微群创建页面，根据提示进行操作即可完成创建微群操作。

任务拓展：网络论坛

由于微博 140 字的字数限制，使话题的讨论深度也受到了限制，在网络论坛发帖，则可以不受限制深入地讨论相关话题。以下是以新浪网络论坛为例的发帖方法：

（1）在浏览器地址栏输入"http://bbs.sina.com.cn"打开新浪论坛主页，如图 3-2-10 所示。

图 3-2-10　新浪论坛主页

（2）单击新浪论坛主页导航中的"论坛地图"，显示"论坛地图"，如图 3-2-11 所示。

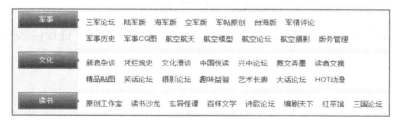

图 3-2-11　"论坛地图"页面

(3)在"论坛地图"页面中,单击"读书"论坛的"读书沙龙"链接,打开"读书沙龙"页面,如图 3-2-12 所示。

图 3-2-12 "读书沙龙"页面

(4)在已经使用新浪会员账号登录的情况下,单击"新帖"按钮,可以发布新的话题,如图 3-2-13 所示。

图 3-2-13 项目简介页面

(5)单击"读书沙龙"页面中的"禅意散文诗连载(蕙兰于心专辑)"话题,即可查看该话题的内容和评论。

常见问题及解决策略

1. 发布微博时上传多张图片

想要发布多张图片,除了可以使用拼图上传之外,还可以直接上传多张图片。

(1)单击发布框的"图片"按钮,选择"添加图片",按住【Ctrl】键可选择多张图片进行上传,最多可上传 9 张图片。

(2)添加图片后还可对图片进行美化,鼠标划过每张图片,可看到笔状的编辑按钮,单击即可对此张图片进行美化、裁剪、旋转等操作,单击单张图片上的"删除"按钮,即可删除此张图片。

(3)待选择的图片上传完毕后,即可单击"发布"按钮,多图微博即发布成功,图片将以九宫格的形式展现。

(4)单击九宫格的缩略图,可以展开查看单张图片,并可翻页进行预览。

2. 发布微博时加入视频

想要在微博中插入视频,可单击发布框的"视频"按钮,添加视频有 4 种方法。

(1)上传本地视频。从计算机中选择视频,大小不超过 2GB。支持格式包括微软视频格式的 wmv、avi、dat、asf，Real Player 格式的 rm、rmvb、ram，MPEG 视频格式的 mpg、mpeg，手机视频格式的 3gp，Apple 视频格式的 mov，Sony 视频格式的 mp4、m4v，DV 视频格式的 dvix、dv，其他格式的 mkv、flv、vob、ram、qt、divx、cpk、fli、flc。

（2）在线录制。可以使用计算机摄像头录制视频，可支持拍摄五分钟以内的视频。

（3）在线视频。可直接输入视频播放页地址，目前已支持新浪播客、优酷网、土豆网、酷6网、搜狐视频、奇艺网等视频播放页链接。

（4）分享电视。根据节目单选择想看的节目，单击"发看点"按钮，可分享视频片段。

 ## 项目小结

本项目以训练借助网络传递信息为主要教学目的，以利用网络聊天工具聊天和利用网络微博发布信息两个具体任务为过程，通过知识学习和实际的操作训练即可达到项目设定的基本目标。

利用网络聊天工具聊天是网上交流和沟通的一种有效途径，它能拉近人们之间的距离，提高人们交流沟通的效率。掌握网上交流沟通的方法是信息化社会对每一个人提出的基本要求。

利用网络微博在网络中发布信息是一种重要的信息发布渠道，它给普通群众提供了一种向社会发声的一个平台，因此广泛地被人们接受和使用。学会利用网络微博发布信息的方法，掌握利用网络微博发布信息的技巧，能快速引起人们的关注，当然微博也是提高社会信息的透明度和弘扬正能量的平台。

 ## 项目考核

学习任务完成后，可以进行自评、互评和教师点评，形成个人和学习小组任务完成情况总体评价。合作学习评价的内容和要求参见项目一，知识、技能评价的内容和要求如下。

（1）对网络聊天工具的了解。

能清楚描述网络聊天工具的功能和使用方法，理解网络聊天对人们的帮助作用。

（2）使用网络聊天工具的熟练程度。

能使用网络聊天工具与人进行有效的交流和沟通。

（3）对利用微博在网上发布信息技巧的了解。

了解微博在网上发布信息的作用和技巧，会关注网上发布的信息。

（4）使用微博的熟练程度。

会使用微博在网上发布信息，能够借助微博快速地传递信息。

 ## 项目习题

1. 单项选择题

（1）QQ 中一陌生人以昵称"可爱美少女"请求和你聊天，对该网友性别的判断是（　　）。

    A．女　　　　　　　B．男　　　　　　　C．不确定　　　　　D．可以推断

（2）如果你的 QQ 号码被盗，你应该（　　）。

    A．痛哭流涕　　　　　　　　　　　　　B．以牙还牙，盗其他用户的 QQ 号码

  C．大骂盗号贼   D．到腾讯公司主页取回密码

（3）新浪微博的网址（　　）。

  A．http://weibo.com   B．http://webo.com

  C．http://weibo.sina.com   D．http://webo.sina.com

（4）新浪微博发布字数限制（　　）。

  A．120字   B．130字   C．140字   D．160字

2．多项选择题

（1）使用QQ，你能够（　　）。

  A．放音乐给对方听   B．视频聊天

  C．玩游戏   D．发短信

（2）以下能够重新设置的是（　　）。

  A．QQ密码   B．用户昵称   C．QQ账号   D．用户性别

（3）添加关注有很多方式，最常见的几种方式（　　）。

  A．可能通过搜索找到自己的目标微博，添加关注

  B．在自己微博界面上发掘带@的用户，单击进入添加关注

  C．通过微群里面的成员添加关注

  D．通过粉丝可以添加关注

（4）关于个性签名的完整解释是（　　）。

  A．个人标签是指自定义描述自己职业、性格和爱好的关键词、通过搜索标签可以发现与自己同行业、同爱好、同性格或共同经验的人。

  B．个人标签是可以完整自定设置。

  C．个人标签数量是设置无设置上限。

  D．不设个人标签别人就找不到我。

3．判断题

（1）QQ聊天工具只能向好友发送文本和图片信息。（　　）

（2）QQ聊天工具可以向QQ群中的某个用户发送信息，虽然他不在好友列表中。（　　）

（3）国内最早的微博平台是新浪微博。（　　）

（4）你在微博上的分组别人是看不到的。（　　）

（5）"转发"主要指通过单击该按钮传播该博文信息，转发时可以加入转发的理由。

（　　）

4．简答题

（1）怎样给QQ好友发送文件？

（2）你加入了某个QQ群吗？QQ群给你带来了哪些方便？

（3）你喜欢用微博发布哪方面的信息？

（4）怎样提高个人微博的人气？

（5）为什么说"微博改变生活"？

5．实训题

（1）选一话题和你的QQ好友聊天20分钟。

（2）发布、关注、转发、点赞微博，建立自己的好友圈。

项目四

网上娱乐

娱乐的含义非常宽泛,可以指快乐有趣、使人欣喜的活动,也可以指参与某活动获得的个人感受。当然,娱乐也是人们追求快乐、缓解社会生存压力的一种天性。正是因为如此,在信息时代的网络社会,娱乐生活也必然成为人们网络应用的重要内容。

项目目标

- 了解网上娱乐的基本内涵,会利用音频播放工具欣赏网上音乐。
- 了解网络视频文件,会播放各种网上视频文件。
- 了解网上娱乐项目,能够参与自己感兴趣的网上娱乐活动。

任务一 音乐欣赏

音乐是以声音为表现手段的艺术形式,如同文学是语言艺术一样,音乐是声音的艺术。作为音乐艺术表现手段的声音,有与自然界的其他声音不同的一些特点。

任何一部音乐作品所发出来的声音都是经过作曲家精心创作出来的,这些声音在自然界可以找到,但是没有经过艺术家的创作与组合,不能成为美妙的音乐。所以,无论是一首简单的歌曲,还是一部规模宏大的交响乐,都渗透着作者的创作思维与灵感。构成音乐的声音要有组织、有规律、和谐,其中包括旋律、节奏、调式、和声、复调、曲式等音乐要素。没有创造性的参与因素,任何声音都不可能变成音乐。

案例 7:在酷狗网站听歌

欣赏网上音乐要借助于网上音乐播放器,现有的音乐网站提供的播放器种类很多,常用的有百度音乐、QQ 音乐、网易云音乐、酷我音乐盒、酷狗、天天动听、Winamp 等,每一种播放器不仅提供音乐播放功能,还有音乐播放以外的其他功能,用户可以根据自己的喜好和需要选择使用。

酷狗(KuGou)是国内较大较专业的 P2P 音乐共享网站,主要提供在线音乐文件交互传输服务，它能实现 P2P 数据分享传输，还支持在线互动、网络播放等完备的网络娱乐服务，利用酷狗网站用户可以方便、快捷、安全地实现音乐查找，收听网上音乐，参加网上音乐直播活动等。

目前，酷狗网站是常用的网上音乐播放环境，也是人们常用的音乐欣赏工具，学会熟练使用酷狗欣赏音乐自然也成为网络应用的基本要求。小李的计算机上就安装了酷狗客户端，并经常登录酷狗音乐网站收听新歌、好歌，或参加音乐名人的网上访谈等活动，俨然已成为应用酷狗欣赏音乐的高手。

任务活动

1. 教师讲解、演示欣赏网上音乐的操作过程

（1）音乐艺术和音乐欣赏。
（2）常用的网上音乐播放环境及操作方法。

2. 学生选择自己感兴趣的音乐网站欣赏音乐

（1）选择音乐网站，搜索感兴趣的音乐。
（2）反思操作中出现的问题和解决办法。

3. 师生讨论音乐欣赏过程遇到的问题和解决方法

（1）酷狗提供的多种功能对欣赏音乐有哪些帮助作用？
（2）如何培养自己的音乐素养？

任务操作

（1）打开 IE 浏览器，在地址栏输入"http://www.kugou.com"，按【Enter】键，打开"酷狗音乐"网页，如图 4-1-1 所示。

图 4-1-1　"酷狗音乐"主页

（2）单击"新用户注册"链接，打开"用户注册"页面，如图 4-1-2 所示。

图 4-1-2 "用户注册"页面

用户可以用自己的邮箱、手机和选择用户名注册。

（3）利用邮箱注册，需要输入"邮箱账号""密码""验证码"，选择"性别"并在选中"我已认真阅读并同意《酷狗服务条款》"复选框后，单击"注册"按钮。用于注册的邮箱将收到验证信息，通过验证后，"新用户注册"处显示邮箱登录账号，如图 4-1-3 所示。

图 4-1-3 显示邮箱登录账号

使用手机号注册时，用户手机将接收验证信息。但使用自己选择的用户名注册，将提示尽快绑定邮箱或手机。

（4）搜索、选择歌曲，双击选中歌曲，打开"网页播放器"播放选中歌曲，如图 4-1-4 所示。

项目四　网上娱乐

图 4-1-4　网页播放器

不使用注册账号登录，同样可以打开网页播放器听歌，但使用注册账号登录则可以得到更多的服务。

知识链接

1. 音乐艺术

音乐是借声波振动引起人的听觉器官发生情绪反应和情感体验的艺术。音乐必须通过演唱或演奏的中间环节，才能使听众感受到音乐的情感与意境，从而产生艺术效果，因此，人们常称音乐为表演的艺术。音乐是以声音为表现手段、以听觉为对象的声音艺术，所以，也被称为听觉艺术。

音乐以声音为手段，但这并不是说所有声音都是音乐，现实生活中自然物所发出的一切声响、人的一切言语声音等，不一定都能成为构成音乐语言的材料。音乐艺术的声音，是由人们根据审美原则，进行加工创造后产生的一种乐音，这种乐音不是一个单个独立的音，而是由一系列不同音高有序排列的一个整体，即音乐学中所讲的乐音体系。在这个乐音体系中，有自己律动美的法则，如旋律法、和声对位法，还有调式、调性、节奏等。这些美的律动法则，就像说话、写文章的语法规定一样，由此构成了音乐艺术语言的形式。音乐艺术之所以是音乐，根本原因是因为它运用了符合美的律动原则，以符合人审美心理要求的悦耳之音作为艺术语言，所以，不是悦耳之音，不符合审美心理要求的声音，不能构成音乐。

由于音乐基于声音，因此音乐旋律具有时间性特点。音乐较强的时间性特点，既有音乐发展的优势，又给音乐欣赏带来一定的局限性。

音乐艺术以抒情见长，所以人们也将音乐艺术视为表情的艺术。造型艺术是以直接再现外部现实生活为基本特征，而音乐艺术恰恰相反，音乐擅长表现内心世界，主要表现人的感情、意志。使用音乐的表现方式，既可以直接抒发人的内心情志，也能塑造出特有的音乐艺术形象。

057

音乐艺术能直接抒发内心的感情，是因为声音与人的感情直接相关。声音是一种外在表现，只要有振动都会产生一定的声响，如风声雨声、山鸣海啸、马达声、敲打声、人声，等等，都是现实声音的外在表现。现实中的物体，只要能发声，它们都会以各自不同的声音形状来表现它们各自的外在特征，稍有一些生活经验的人，大都能凭着听觉能力去识别现实生活中的许多现象。有些受过专门训练或是生活阅历丰富、听觉特别敏锐的人，还能通过声音的形、质去判断事物内部本质的变化状态。人声也是如此，男女老幼声音形质就各不相同，而且随着人的性情的变化，声音又各异。音乐形象的塑造，主要还是靠描绘人的内心感受，抒发内心的感情。表情和形象的内部具体可感性，是音乐艺术最主要的特征。

音乐内容具有的确定又不确定性也是其重要的特点。情感虽然和认识相关，情感中有认识的内容，但情感功能又不同于认识功能，二者有本质的差异。

从情感与认识相关来看，情感具有一定的明确性。如果从情感与认识的差异性来看，情感中的内涵就模糊不定了，如喜与恨，一喜一恨，这种感情，从内容上讲就有确定与不确定两重性的存在。从确定方面讲，喜、恨都是人可以认识到的一种具体的感情。从不确定方面讲，因为人的喜、恨有各种各样的原因，不同原因造成不同的喜、恨，靠情感经验判断就显得抽象不具体了。

音乐表现的内容既有确定性，可理解的一面；又有不确定性，不易理解的另一面，这是音乐的特征。音乐内容表现为确定又不确定性这一特征，在无标题的一些音乐作品中，更是表现突出。在听此类作品中，只能较具体地感受到某种情、志，无法听出其中更具体的内容。要说出此类作品的具体内容，一方面可从作曲家情感经验中去发现。另一方面，也可以从每个听者感受共鸣的经验中去发现。

2．音乐欣赏

有人认为，欣赏音乐就应该是一个非常简单的问题，只要好听、喜欢、能被感动就行，不一定非去琢磨曲子描写的故事、曲式等问题。这种说法不无道理，只有觉得好听，能被音乐感动，才有深入了解音乐的愿望。

音乐欣赏之初，往往被音响感染，通常是旋律、歌词、伴奏、和声让人激动，是音乐对感官的冲击力，没有真正接触音乐或较少接触音乐的人更是如此。人们会被音乐委婉的旋律，鲜明的节奏或悦耳的和弦，甚至缠绵的歌词所吸引，正因为如此，才会有很多人把音乐当作一种寄托、理想、礼物，甚至是自己的幻想世界。

理论上讲，音乐欣赏是由浅入深的过程，是从感性（被音乐感动）到理性（探究音乐知识），又从理性回归感性（更深层次的欣赏）的过程。欣赏音乐处于不同阶段，所带来的思想内容也不尽相同。

音乐欣赏的最初阶段，主要依靠感官对音响的感受，动听的旋律、悦耳的和声、有规律的节奏、起伏的响度让人感受到的愉悦。提升音乐欣赏的高度，必须要主动积极体验，想仅凭一本音乐欣赏小册子或几篇类似文章学会欣赏音乐那是妄想。

在聆听音乐有了情感体验后，探求音乐的欲望将驱使欣赏者走入音乐圣殿的理性阶段。在此之前，一个被动无为的音乐聆听者，尽管也会选择音乐，也可能随时都在听音乐，可仍然是被动的，除了被音乐感动之外没有其他。优美、欢乐、悲伤，也仅仅是听觉造成的情绪波动而已。

进入音乐欣赏的理性阶段，说明欣赏音乐已从被动到了主动，在此阶段会认识音乐名人，会了解音乐构成的要素，也会知道巴洛克音乐、浪漫主义后期的音乐代表、奏鸣曲和奏鸣曲式，等等。如果不能全面地理解音乐，就不能更好地欣赏音乐。如果不知道什么是音色，就根本无法理解音乐，音色就犹如绘画中那绚丽的颜色，决定了丰富的音乐含意。在理性阶段，不是每个人都有机会或条件去认真系统地学习音乐理论和音乐史，但仍可以通过书籍或网络获取有关音乐的知识。

所有的音乐都有自身的内涵，对音乐的了解就是对音乐内涵的认识过程。每一个人都不可能孤立地探究音乐知识，可通过音乐欣赏、名曲分析等，达到了解音乐知识的目的。在这个阶段首先要了解音乐史，要知道不同时期的音乐有不同的表现形式，要了解作曲家的创作风格和思想，还需要知道一些音乐的基本知识如曲式等。

音乐欣赏还应该了解主题，音乐中的主题至关重要，它的变化对比发展等构成了音乐的全部内涵。在柏辽兹的《幻想交响曲》中，孱弱敏感的青年艺术家的音乐主题形象，从乐曲的第一乐章贯穿到第五乐章，且每个乐章都有其不同的变化。在贝多芬《命运交响曲》中，有很多音乐形象，如悲哀、叹息、撕杀、凶残、思考、信念、光明、胜利，甚至还有忧郁与彷徨，这些都是由对比的主题形象而产生的。所以，在认真聆听音乐时一定要紧紧抓住主题，这样才能在音乐的轰鸣声中找到那个时刻变化的主题形象，从而领略音乐的无穷魅力。

在欣赏音乐的过程中，还要了解其他因素。仅就节奏而言，音乐最初的起源应与节奏有十分密切的关系，节奏产生的韵律美使原始部落至今仍在信奉。不同组合的强弱快慢节奏以及多次重复，能使节奏产生出非常巨大的内涵和韵味，让人疯狂或痴迷。在音乐中节奏的表现形式是节拍，把两个以上不同的节拍组合在一起又将形成新的复节奏。就这样，无穷无尽的节奏就形成了音乐的组成要素之一。仅就节奏而言，一个欣赏者需要用耳朵去感受，而不是靠简单的乐理去分析。

音乐的魅力当然不仅仅表现为主题、旋律、节奏、色彩、曲式结构、调式等，有的时候甚至得将作曲家的创作观念、演奏家的风格、录音师的录音技术及爱好，以及聆听者的素质、阅历、情感、性格等等诸多因素全部融入才能构成一个整体的音乐。单独去分析其中的一个部分，其实是对音乐的肢解。结合历史背景了解作曲家的创作个性，认真聆听主题的发展变化与对比，让全身心都得到音乐及音响的感染，让思想情感以及情绪都在音乐的体验中发生微妙的变化，才能真正听懂音乐。

在音乐欣赏的第二个阶段中，需要了解的东西实在太多了，这很可能会吓到一些音乐爱好者，认为欣赏音乐这么难，其实也没有什么，因为所有需要了解的一切都建立在对音乐极大的兴趣上，对音乐知识的了解又促使欣赏者对音乐发生更大的兴趣。

进入音乐欣赏第三阶段的标志并不是十分明显，因为对音乐认识的阶段永不能说结束。进入欣赏音乐的第三阶段，并不意味着要和过去的阶段划清界限。其实音乐欣赏分阶段，只是一个表述上的概念，不管怎样，经过一段时间的学习，会对音乐有一定的了解，这时再聆听音乐，心会随着音乐泛起激情的浪花，音乐就像是情感的源泉。此时，音乐已经不再神秘，音乐也不再高不可攀，音乐所表达的一切都会带来更深的心潮涌动。此时，欣赏者已经从一个被动的聆听者，转变成为一个自由的音乐爱好者。不要用主题分析、曲式结构来约束思绪的自由飞翔，也不要对一个标题用简单的音乐形象来束缚想象力的驰骋和情感的涌动。在音乐欣赏的过程中，内心体验与认知活动永远结合在一起。从感性认识到理性认识的发展过程永远不会停滞不前，我们对音乐的理解也永远无止境，只有跨入美妙无穷的音乐圣殿，才会自由尽情地翱翔。

3. 查找歌曲

音乐网站为用户提供有多种音乐发现途径，无论是有着明确的音乐需求，还是只想随便听听，在音乐网站都可以得到满足。在网站上提供的今日推荐、音乐搜索、最新专辑推荐、热门榜单推荐、歌手列表、个性化推荐以及更多播放列表等栏目，都是以音乐集合的形式组合乐曲以方便用户查找。以下是酷我音乐的各项查找功能。

（1）推荐。汇集了酷我音乐盒精挑细选的音乐资源，既有最新的唱片专辑，又有最劲爆的热播榜单。用户只需选中其中乐曲，单击"播放"按钮，即可欣赏。

（2）最新专辑推荐。在"最新专辑"栏目可以看到最新发行的专辑。

（3）酷狗热门榜。在栏目中可以找到热门歌曲，如"华语新歌榜""欧美新歌榜""网络红歌榜""月度新歌榜"等，这些榜单与各大网站同步，只需要单击播放就可以欣赏这些热门歌曲。

（4）歌手列表。如果对某一位歌手情有独钟，可以通过"歌手列表"栏目，轻松找到这位歌手的相关音乐资源。歌手根据姓氏拼音排列，单击字母，可以看到该字母下的歌手。单击歌手，就会发现该歌手相关的音乐资源。

4. 音乐播放器

音乐播放器是一种用于播放各种音乐文件的多媒体播放软件，其实质是针对各种音频编码格式文件的解码器。多数音乐播放器支持播放多种音乐格式的文件，且理论上讲所有播放器的音质完全相同，不存在音质最好的音乐播放器。但是，有些音乐播放器在解码器的基础上添加DSP 插件，对原始的音乐进行转换和扭曲，如加强低音或过滤细节优化音质，其实质是破坏原本音乐，虽然能够使部分音乐更加好听，却也导致另一些音乐的音质大打折扣。

音乐播放器的人性化界面和扩展性也是各种音乐播放器的特色，商业版播放器的界面较为华丽，操作也十分简便，但缺乏扩展性，支持格式较少。开源播放软件一般能够较好地进行扩展，支持较多的音乐格式，但界面简单朴素。

任务拓展：参与网上娱乐活动

多数音乐网站提供有网民自愿在线参与的娱乐节目，如进入直播大厅和主播聊天、参加明星访谈和明星对话，等等，使用"酷我音乐"参加"酷我活动"的具体方法如下：

（1）打开 IE 浏览器，在地址栏输入"http://www.kuwo.cn"，按【Enter】键，打开"酷我音乐"网页，如图 4-1-5 所示。

图 4-1-5 "酷我音乐"主页

（2）单击"热门活动"链接，打开"酷我秀场"页面，显示"热门活动"内容，如图 4-1-6 所示。

（3）单击活动链接，即可进入活动页面，参加相应活动。

图 4-1-6　"热门活动"页面

 常见问题及解决策略

1. 播放网络应用都需连接网络

一般来说，初次使用音乐播放软件听歌时，所需资源要到网络上去寻找，而再次播放收集的歌曲时，即使没有连接网络，音乐播放软件依然可以进行歌词展示、MV 播放、歌曲播放。但是，仅在缓存中保存的音乐资源会在清除缓存时消失。

2. 无法正常播放歌曲

无法正常播放网上歌曲的原因很多，应针对故障现象寻找原因，并提出解决策略。

如果是网络连接有问题，应检查网络连接是否正常。

若是防火墙阻挡，应在防火墙的"访问规则"中将播放器程序设置为允许。

出现花屏问题一般是由于播放器组件不全或版本过低等问题引起的，重装播放器或安装更高版本的播放器即可。

不兼容问题通常是由系统造成的，**繁体操作系统和英文操作都可能有兼容性问题**，如酷我音乐盒只支持中文操作系统，英文、日文等操作系统等肯定会出现乱码情况。

Windows 2003 操作系统默认开启"数据执行保护"，该功能可能导致音乐软件无法正常运行，需要在"我的电脑→属性→高级→性能→设置→数据执行保护"中，选中"只为关键 Windows 程序和服务启用数据执行保护"项，单击【确定】按钮即可。

任务二 观看网络视频

网络视频是网络服务商在网上为网民提供的声像文件,其内容极其丰富,不仅有各类影视、娱乐节目,也有新闻、广告、Flash 动画、自拍 DV、聊天视频、游戏视频等,完全能够满足人们生活、工作、娱乐的需要。熟练掌握观看网络视频的技能,也是信息社会网上生活的一项重要内容。

案例 8:观看优酷网视频

网络视频是指在网上传播的视频资源,狭义是指网络电影、电视剧、新闻、综艺节目、广告等视频节目,广义还包括自拍的 DV 短片、视频聊天、视频游戏等。

2006 年 12 月 21 日正式运营的优酷网是中国的视频分享网站,优酷网以视频分享为基础,开拓了三网合一的应用模式,现已覆盖互联网、电视、移动三大终端。2012 年 8 月 20 日,土豆网成为优酷旗下全资子公司,优酷公司也从优酷改为"优酷土豆",目前该网站能为用户提供浏览、搜索、创造和分享视频等最高品质的服务。

优酷网既是拍客们的聚集地,也是网民欣赏视频的绝佳场所,随着视频传播信息量的逐渐增加,利用优酷网观看视频自然成为网络应用的基本内容。小李就是优酷网的常客,他不仅经常登录优酷网观看视频,也把自己拍摄的视频上传到网上供人欣赏,相信日积月累,他一定会把自己练成优秀的拍客。

任务活动

1. 教师讲解、演示观看网上视频的操作过程

(1)网上视频文件格式和播放要求。
(2)利用视频播放工具播放视频操作。

2. 学生播放不同文件格式的视频

(1)视频文件格式与播放工具应用。
(2)播放时出现了哪些问题?

3. 师生讨论播放网上视频遇到的问题和解决方法

(1)视频文件与播放工具的关系。
(2)如何保证网上视频流畅播放?

任务操作

(1)打开 IE 浏览器,在地址栏输入"http://www.youku.com",按【Enter】键,打开"优酷"网页,如图 4-2-1 所示。

项目四　网上娱乐

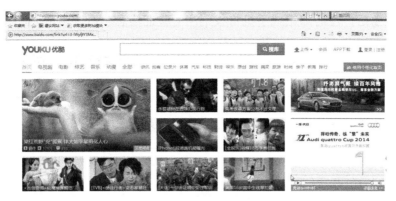

图 4-2-1　"优酷"主页

（2）单击"注册"链接，打开"优酷用户注册"页面，如图 4-2-2 所示。

图 4-2-2　"优酷用户注册"页面

 提示

用户可以用优酷网站认可的邮箱或手机号码注册。

（3）利用邮箱注册，需要输入"邮箱账号""昵称""密码""验证码"，单击"同意并注册"按钮。在打开的"个人资料"界面，输入"个人简介"，选择"性别""所在地"和"生日"，单击"保存资料"按钮，如图 4-2-3 所示。

图 4-2-3　填写个人资料

063

（4）完成注册后，注册邮箱或手机将收到注册验证信息，通过验证后，"注册"处显示注册昵称。

（5）登录网站后，选择观看的视频，单击，即可观看所选视频，如图4-2-4所示。

提示

一般网站都允许非注册用户使用，若选择注册后使用，是为了得到更多的服务功能。

图 4-2-4　选择视频

（6）单击"订制首页"，打开"订制我的优酷"对话框，如图4-2-5所示。选择登录后主页显示的内容，即可打造满足自己观看要求和观看习惯的主页。

图 4-2-5　优酷主页订制

知识链接

1. 常见的视频文件格式

（1）MPEG/MPG/DAT。

MPEG 是 Motion Picture Experts Group 的缩写，该类格式包括 MPEG-1、MPEG-2 和 MPEG-4 多种视频格式。MPEG-1 被广泛地应用在 VCD 和一些视频片段上，大部分的 VCD 都使用 MPEG-1 格式（刻录软件自动将 MPEG-1 转换为 DAT 格式），使用 MPEG-1 压缩算法，可以把一部 120 分钟长的电影压缩到 1.2GB 大小。MPEG-2 多应用于 DVD 制作，在一些 HDTV（高清晰电视广播）和一些高要求的视频编辑、处理上也有应用。MPEG 系列标准已成为国际上影响最大的多媒体技术标准，其中 MPEG-1 和 MPEG-2 是采用相同原理的第一代数据压缩编码技术。MPEG-4（ISO/IEC 14496）是基于第二代压缩编码技术制定的国际标准，它以视听媒体对象为基本单元，采用基于内容的压缩编码，以实现数字视音频、图形合成应用及交互式多媒体的集成。MPEG 系列标准对 VCD、DVD 等视听消费电子及数字电视和高清晰度电视、多媒体通信等信息产业的发展产生了巨大而深远的影响。

（2）AVI。

AVI 是音频视频交错（Audio Video Interleaved）的英文缩写。AVI 视频格式由微软公司开发，是视频领域最悠久的格式之一。AVI 格式调用方便，图像质量好，压缩标准可任意选择，是应用最广泛，也是应用时间最长的格式之一。

（3）MOV。

QuickTime 是 Apple 公司用于 Mac 计算机上的一种图像视频处理软件，它提供了两种标准图像和数字视频格式，既可以支持静态的*.PIC 和*.JPG 图像格式，也支持动态的基于 Indeo 压缩法的*.MOV 和基于 MPEG 压缩法的*.MPG 视频格式。

（4）ASF。

ASF（Advanced Streaming Format），即高级流格式，是微软开发的一种可以直接在网上观看视频节目的文件压缩格式。ASF 使用了 MPEG-4 压缩算法，压缩率和图像的质量都很不错。因为 ASF 以在网上即时观赏的视频"流"格式存在，所以它的图像质量比 VCD 差一点，但比同类视频"流"格式的 RAM 要好。

（5）WMV。

WMV 是一种独立于编码方式的互联网实时传播多媒体的技术标准，Microsoft 公司希望用其取代 QuickTime 之类的技术标准以及 WAV、AVI 之类的文件扩展名。WMV 的主要优点在于可扩充的媒体类型、本地或网络回放、可伸缩的媒体类型、流的优先级化、多语言支持、扩展性等。

（6）NAVI。

如果用原来的播放软件突然打不开此类格式的 AVI 文件，那就要考虑是不是碰到了 NAVI。NAVI 是 New AVI 的缩写，是一个名为 Shadow Realm 的组织开发的一种新视频格式。它是由 Microsoft ASF 压缩算法修改而来（并不是想象中的 AVI），由于该视频格式追求的是压缩率和图像质量，所以 NAVI 改善了原始 ASF 格式的一些不足，让 NAVI 可以拥有更高的帧率。可以说，NAVI 是一种去掉视频流特性的改良型 ASF 格式。

（7）3GP。

3GP 是一种 3G 流媒体的视频编码格式，主要是为了配合 3G 网络的高传输速度而开发，也是目前手机中最为常见的一种视频格式。

简单地说，该格式是"第三代合作伙伴项目"制定的一种多媒体标准，使用户能使用手机享受高质量的视频、音频等多媒体内容。其核心包括高级音频编码（AAC）、自适应多速率（AMR）、MPEG-4 和 H.263 视频编码解码器等，目前大部分支持视频拍摄的手机都支持 3GPP 格式的视频播放。其特点是网速占用较少，但画质较差。

（8）Real Video。

Real Video（RA、RAM）格式一开始就定位在视频流应用方面，也可以说是视频流技术的始创者。它可以在 56K MODEM 拨号上网的条件下实现不间断的视频播放，当然，其图像质量和 MPEG-2、DIVX 等无法相比。因为要实现在网上不间断地传输视频，需要很强大的带宽数据传输功能。

（9）MKV。

它可在一个文件中集成多条不同类型的音轨和字幕轨，而且其视频编码的自由度也非常大，可以是常见的 DivX、XviD、3ivX，甚至可以是 RealVideo、QuickTime、WMV 流式视频。实际上，它是一种全称为 Matroska 的新型多媒体封装格式，这种先进的、开放的封装格式已经给我们展示出了非常好的应用前景。

（10）FLV。

FLV 是 Flash Video 的简称，FLV 流媒体格式是一种新的视频格式。由于它形成的文件极小、加载速度极快，使得网络观看视频文件成为可能，它的出现有效地解决了视频文件导入 Flash 后，导致文件体积庞大，不能在网络上很好使用等缺点。

（11）F4V。

作为一种更小更清晰，更利于在网络传播的文件格式，F4V 已经逐渐取代了传统的 FLV，被大多数主流播放器兼容播放。F4V 是 Adobe 公司为了迎接高清时代而推出继 FLV 格式后的支持 H.264 的流媒体格式。它和 FLV 主要的区别在于，FLV 格式采用的是 H.263 编码，而 F4V 则支持 H.264 编码的高清晰视频。F4V 和 FLV 在同等体积的前提下，能够实现更高的分辨率，并支持更高比特率，就是人们所说的更清晰更流畅。另外，很多主流媒体网站上下载的 F4V 文件后缀却为 FLV，这是 F4V 格式的另一个特点，属正常现象，观看时可明显感觉到这种实为 F4V 的 FLV 有明显更高的清晰度和流畅度。

（12）RMVB。

RMVB 的前身为 RM 格式，它们是 Real Networks 公司所制定的音频、视频压缩规范，根据不同的网络传输速率，制定出不同的压缩比率，从而实现在低速率网络上进行影像数据实时传送和播放，具有体积小，画质清晰的优点。

早期的 RM 格式为实现有限带宽在线播放视频而研发，为了实现更优化的体积与画面质量，Real Networks 公司在 RM 的基础上，推出了可变比特率编码的 RMVB 格式。RMVB 打破了 RM 格式平均压缩采样的方式，在保证平均压缩比的基础上，采用浮动比特率编码方式，将较高的比特率用于复杂的动态画面（如歌舞、飞车、战争等），而在静态画面中则灵活地转为较低的采样率，从而合理地利用了比特率资源，使 RMVB 最大限度地压缩了影片的大小，最终拥有近乎完美的接近于 DVD 品质的视听效果。如果一部 120 分钟的 DVD 体积为 4GB，而采用 RMVB 格式来压缩，仅为 400MB 左右，而且清晰度、流畅度并不比原 DVD 差多少。目前计算机的视频文件中，超过 80%的是 RMVB 格式。

（13）WebM。

WebM 是由 Google 提出的开放、免费的媒体文件格式。WebM 影片格式其实是以 Matroska（即 MKV）格式为基础开发的新格式，里面包括了 VP8 影片轨和 Ogg Vorbis 音轨，其中 Google 将其拥有的 VP8 视频编码技术以类似 BSD 授权开源，而 Ogg Vorbis 本来就是开放格式。WebM 标准的网络视频更加偏向于开源并且是基于 HTML5 标准，WebM 项目旨在为每个人都开放的网络开发高质量、开放的视频格式，其重点是解决视频服务这一核心的网络用户体验。WebM 的格式可以在 Netbook、Tablet、手持式设备上面顺畅地使用。

2. 网络电视

网络电视又称 IPTV（Interactive Personality TV），是基于宽带高速 IP 网，以网络视频资源为主体，将电视机、个人电脑及手持设备 显示终端，通过机顶盒或计算机接入宽带网络，实现数字电视、时移电视、互动电视等服务，网络电视的出现给人们带来了一种全新的电视观看方法，它改变了以往被动的电视观看模式，实现了电视以网络为基础按需观看、随看随停的便捷方式。

从总体上讲，网络电视可根据终端分为四种形式，即 PC 平台、TV（机顶盒）平台、3G 网络技术平台（网络电视）和手机平台（移动网络）。

通过 PC 机收看网络电视是当前网络电视收视的主要方式，因为互联网和计算机之间的关系最为紧密。已经商业化运营的系统基本上属于此类。基于 PC 平台的系统解决方案和产品已经比较成熟，并逐步形成了部分产业标准，各厂商的产品和解决方案有较好的互通性和替代性。

基于 TV（机顶盒）平台的网络电视以 IP 机顶盒为上网设备，利用电视作为显示终端。虽然电视用户大大多于 PC 用户，但由于电视机的分辨率低、体积大（不适宜近距离收看）、收费高等缘故，这种网络电视正处于扩大推广阶段。

3G 网络技术平台是建立在网络电视基础之上，是融合 3D 显示、纯光侧置技术、互动网络技术的智能终端。

手机电视是 PC 网络的子集和延伸，它通过移动网络传输视频内容。由于它可以随时随地收看，且用户基础巨大，所以可以自成一体。

网络电视的基本形态是视频数字化、传输 IP 化、播放流媒体化。

 ## 任务拓展：观看网络电视

网上在线观看电视节目是网络生活的一项重要内容，在网上不仅可以实时观看电视节目，也可以观看因特殊原因遗漏收看的电视节目。目前，提供电视直播的网站有很多，也有专门的网络电视播放软件，完全能满足用户网上看电视的基本需求。在网上观看中央电视台的电视节目的操作方法如下：

（1）打开 IE 浏览器，在地址栏输入"http://tv.cntv.cn"，按【Enter】键，打开"央视"网页，如图 4-2-6 所示。

图 4-2-6　央视网主页

（2）单击"频道"链接，显示"频道大全"页面，如图 4-2-7 所示。

图 4-2-7 "频道大全"页面

（3）单击"CCTV1"栏目的"直播"链接，打开视频播放窗口，选择"节目表"中的"新闻联播"，在线观看电视节目，如图 4-2-8 所示。

图 4-2-8 在线观看电视节目

常见问题及解决策略

1. 视频文件不能正常播放

视频文件不能播放的原因有多种，如文件损坏、文件格式不匹配等都会导致视频文件不能正常播放。出现视频文件不能正常播放问题，应先查看播放器是否允许播放该类文件格式的视频，如果播放器不支持视频文件格式，可换用支持视频文件格式的播放器播放，或转换文件格式后再播放。如果是文件损坏导致不能正常播放，应修复损坏文件或寻找能替换的视频资源。

2. 找不到所需要的视频资源

用户找不到自己所需要的视频资源要分作两种情况考虑，第一是应该存在的网络视频资源自己找不到，第二是不知道是否存在该种视频资源。解决前者问题需要在一个网站详细查找，确实没有时更换网站查找,应该说找到该视频是时间问题。对于第二种情况,只能多在一些网站试着查找,若确实找不到,有可能是不存在,应想其他办法解决。

项目小结

网上娱乐的内容非常宽泛,本项目只是以最常见的音乐欣赏和观看网上视频为代表,介绍相关知识和技能。网络不仅是工作学习的工具,也能成为人们休闲娱乐的好帮手。

网上欣赏音乐是以酷狗网为对象,以网上听歌为过程,讲解网上音乐欣赏的基本操作,希望能够帮助学习者学会利用网络音乐工具欣赏音乐。音乐网不仅能听歌,也提供有用户可参与的互动活动,内容非常丰富。网上相关的音乐网站很多,操作也有类似之处,本项目中有关操作可在使用其他工具欣赏音乐时借鉴。

观看网上视频是以优酷网为对象,以观看网上视频为过程,讲解观看网上视频的基本操作,相关内容是观看网上视频的基础,学习者经过不断实践一定会全面了解视频播放工具,熟练利用视频网站满足娱乐需求。

项目考核

学习任务完成后,可以进行自评、互评和教师点评,形成个人和学习小组任务完成情况总体评价。合作学习评价的内容和要求参见项目一,知识、技能评价的内容和要求如下。

(1)对音频文件的认识。

要求了解音频文件,并知道文件格式对播放器的影响。

(2)利用音乐网站欣赏音乐。

能够正确注册成为某音乐网站的用户,并能熟练搜索音乐和使用播放工具欣赏音乐。

(3)对视频文件的认识。

要求了解视频文件,并能清楚说明视频文件对播放效果的影响。

(4)利用视频网站观看视频。

能够熟练选择观看视频和观看网络电视。

项目习题

1. **单项选择题**

(1)酷狗(KuGou)是( )音乐共享网站。

  A. B2B.   B. P2P   C. C2C.   D. D2D

(2)音乐欣赏的最初阶段,主要靠( )对音响的感受。

  A. 感官   B. 观看   C. 理解   D. 阅读

(3)音乐网站为用户提供有( )音乐发现途径。

  A. 一种   B. 二种   C. 三种   D. 多种

(4)网络电视基于宽带高速( )网,以网络视频资源为主体,将电视机、个人电脑及手持设备作为显示终端。

  A．IP   B．局域   C．城域   D．电视

2．多项选择题

（1）构成音乐的声音包括（   ）等要素。
  A．旋律   B．节奏   C．调式   D．和声

（2）音乐播放器种类很多，常用的有（   ）等。
  A．QQ音乐   B．酷我音乐盒   C．Winamp   D 百度音乐

（3）音乐欣赏是由浅入深的过程，包括（   ）过程。
  A．感性认识   B．理性认识   C．理性回归感性   D．全面认识

（4）网络视频是网络服务商在网上为网民提供的声像文件，包括（   ）等。
  A．娱乐节目   B．FLASH动画   C．游戏视频   D．自拍DV

3．判断题

（1）没有创造性的参与因素，任何声音都不可能变成音乐。 （   ）
（2）登录网络听歌，注册和不注册一样。 （   ）
（3）不是悦耳之音，不符合审美心理要求的声音，不能构成音乐。 （   ）
（4）个别音乐网站提供有网民自愿在线参与的娱乐节目。 （   ）

4．简答题

（1）音乐欣赏最大的障碍是什么？
（2）下载网站提供的客户端播放音乐的优点有哪些？
（3）文件格式转换的目的是什么？
（4）网络看电视的优点有哪些？

5．实训题

（1）注册成为某音乐网站的合法用户后欣赏音乐。
（2）登录网站，观看网络电视。

网上购物

在网络融入人们生活的今天,网上购物作为一种快捷、方便、时尚的消费方式,越来越受到人们的青睐。打开电脑,进入网上商城,各种商品应有尽有,网上购物既节省时间,又免去逛商场的劳累,使购物变得轻松快捷了。

项目目标

- 了解网上购物的方法,会在京东、淘宝等网上商城中进行网上购物。
- 了解网上支付的方法,能够利用支付宝和网上银行进行网上支付。

任务一 网上购书

互联网技术的发展和应用,催生了一种全新的购物消费方式——网上购物。网上购物是指顾客在互联网上浏览、选择商品,下订单确定购买,通过个人银行账户支付或货到付款给商家,商家通过物流公司将商品送货上门的购物方式。

案例9:京东商城购书

网上商城是建立在网络世界中的虚拟商城,与传统超市及百货公司不同,到网上商城消费的顾客不必出门,而是在家中通过计算机的联机选购。而网店的老板也不用将笨重的商品搬到店铺中等着顾客上门,而是将商品的照片及影像以多媒体的方式透过万维网(World Wide Web)呈现在消费者的计算机的屏幕上。透过网上商城虚拟实境的逛街购物方式,消费者即可在家中通过网络选购日常用品。

自2004年年初正式涉足电子商务领域以来,京东商城作为中国B2C市场最大的3C网购专业平台,是中国电子商务领域最受消费者欢迎和最具影响力的电子商务网站之一。京东商城提供的是商家对客户的商务模式(B2C),即企业通过互联网为消费者提供一个新型的购物环境，消费者通过网络在网上购物，并通过网络进行支付。这种模式节省了商家和消费者的大量的时间和精力，特别是对于那些平时十分忙碌或是经常上网的人来说，网购是一种十分方便快捷的购物方式。

目前，京东为广大客户提供有 13 大类超过 4000 万库存单位的丰富商品，品类包括计算机、手机、家电、汽车配件、服装与鞋类、奢侈品（如手提包、手表与珠宝）、家居与家庭用品、化妆品与其他个人护理用品、食品与营养品、书籍、电子图书、音乐、电影与其他媒体产品、母婴用品与玩具、体育与健身器材以及虚拟商品（如国内机票、酒店预订等）。

小李是京东商城的常客，几年前他就注册成这里的合法用户，并经常在这里购买书籍和小商品，不仅省时，也方便、省钱。

任务活动

1．教师讲解、演示网上购物的操作过程

（1）网上商城、网店、购物车、订单。
（2）网络购物过程和可能遇到的问题。

2．学生选择自己感兴趣的商品进行试购买

（1）登录网上商城、选购物品、下订单。
（2）反思网上购物过程中遇到的问题及解决办法。

3．师生讨论网上购物过程中遇到的问题和解决方法

（1）同一种商品在多个网店都有的情况下，你会怎样选择？
（2）决定购买某种商品前，你还想和店主沟通哪些问题？

任务操作

（1）打开 IE 浏览器。在地址栏输入"http://www.jd.com"，按【Enter】键，打开"京东商城"首页，如图 5-1-1 所示。

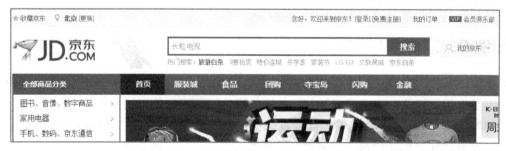

图 5-1-1　"京东商城"首页

（2）单击"登录"链接。打开"登录京东"网页，如图 5-1-2 所示。
（3）输入"京东账号"或"合作网站账号"，输入相应的密码，单击"登录"，登录到京东商城，如图 5-1-3 所示。

图 5-1-2 "登录京东"网页

图 5-1-3 "京东商城"登录成功

若没有"京东账号",单击"免费注册"链接,通过手机验证完成注册。

(4)若想购买图书,可单击"全部商品分类"下的"图书"链接,打开图书网页,如图 5-1-4 所示。

图 5-1-4 京东商城"图书网页"

(5)在搜索栏中输入搜索图书的关键词,如"物联网家居",单击"搜索"按钮,打开"京东商品搜索"结果页面,如图 5-1-5 所示。

(6)在搜索结果中,选择感兴趣的商品,单击商品的"标题"或"图片",查看商品详细信息,如图 5-1-6 所示。

图 5-1-5　"京东商品搜索"结果

图 5-1-6　"商品介绍"页面

（7）单击"加入购物车"，显示"商品已成功加入购物车"提示页面，如图 5-1-7 所示。

图 5-1-7　商品成功加入购物车

（8）单击"去购物车结算"链接，进入"我的购物车"页面，如图 5-1-8 所示。

图 5-1-8　"我的购物车"页面

（9）确认选购商品无误后，单击"去结算"链接，进入"填写并核对订单信息"页面，如

图 4-1-9 所示。

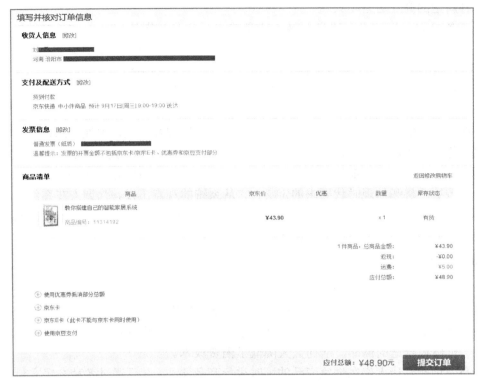

图 5-1-9　"填写并核对订单信息"页面

（10）填写收货人信息、支付方式选择"货到付款"，选择配送方式、填写发票信息等，确认信息无误后，单击"提交订单"，显示"订单提交成功"信息，如图 5-1-10 所示。

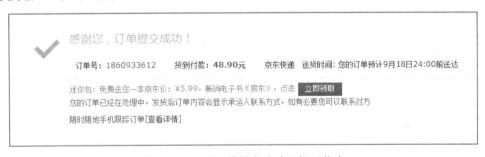

图 5-1-10　"订单提交成功"提示信息

（11）收到货物并付款，交易完成。

知识链接

1. 电子商务

电子商务通常是指在全球各地广泛的商业贸易活动中，基于互联网开放的网络环境，采用浏览器/服务器应用方式，买卖双方不谋面地进行各种商贸活动，实现消费者的网上购物、商户之间的网上交易和在线电子支付以及各种商务活动、交易活动、金融活动和相关的综合服务活动的一种新型的商业运营模式。

电子商务可划分为广义和狭义两种。广义的电子商务是指使用各种电子工具从事商务活动。这些工具包括从初级的电报、电话、广播、电视、传真到计算机、计算机网络，再到 NII（国家信息基础结构——信息高速公路）、GII（全球信息基础结构）和 Internet 等现代系统。而商务活动是从泛商品（实物与非实物，商品与非商品化的生产要素，等等）的需求活动到泛商品的合理、合法的消费除去典型的生产过程后的所有活动。狭义的电子商务是指利用 Internet 从事商务或活动。电子商务是在技术、经济高度发达的现代社会里，掌握信息技术和商务规则的人，系统化地运用电子工具，高效率、低成本地从事以商品交换为中心的各种活动的总称。这个分析突出了电子商务的前提、中心、重点、目的和标准，指出它应达到的水平和效果，它是对电子商务更严格和体现时代要求的定义，它从系统的观点出发，强调人在系统中的中心地位，将环境与人、人与工具、人与劳动对象有机地联系起来，用系统的目标、系统的组成来定义电子商务，从而使它具有生产力的性质。

2．网上商城

网上商城以电子商务平台为依托，将现实世界中大型商城的功能完全搬到了网上。健全的网上商城经营品类繁多、销售中间环节少、价格低廉、售后服务到位，和实体商城相比最大的好处是消费者可以足不出户。购物者在家里就能检索到大量的商品信息，在最短时间内找到质量、性能、价格最合适的商品，从而大大降低了消费成本。

网店是一种能够让人们在浏览商品的同时进行商品购买，并且通过各种在线支付手段支付货款完成交易全过程的网站。大多数网店都使用阿里巴巴、淘宝、京东、当当等大型网络贸易平台完成交易。

3．物流

物流是指为了满足客户的需求，以最低的成本，通过运输、保管、配送等方式，实现原材料、半成品、成品或相关信息进行由商品的产地到商品的消费地的计划、实施和管理的全过程。物流是一个控制原材料、制成品、产成品和信息的系统，从供应开始经各种中间环节的转让及拥有而到达最终消费者手中的实物运动，以此实现组织的明确目标。现代物流是经济全球化的产物，也是推动经济全球化的重要服务业。

物流的七大构成部分：物体的运输、仓储、包装、搬运装卸、流通加工、配送以及相关的物流信息等环节。

任务拓展：淘宝购物

淘宝网（taobao.com）是中国深受欢迎的网购零售平台，目前拥有近 5 亿的注册用户，每天有超过 6000 万的固定访客，同时每天的在线商品数已经超过了 8 亿件，平均每分钟售出 4.8 万件商品。随着淘宝网规模的扩大和用户数量的增加，淘宝也从单一的 C2C 网络集市变成了包括 C2C、团购、分销、拍卖等多种电子商务模式在内的综合性零售商圈。目前已经成为世界范围的电子商务交易平台之一。使用淘宝网购物前，应安装阿里旺旺客户端软件，注册淘宝账号，开通支付宝账号。具体购物过程如下。

（1）登录淘宝网，在图 5-1-11 的"搜索"文本框中输入要搜索的商品名称，如"手机"，单击"搜索"链接。

图 5-1-11　输入要搜索的商品名称

（2）选择搜索范围，进一步搜索，结果如图 5-1-12 和图 5-1-13 所示。

图 5-1-12　搜索商品

图 5-1-13　商品列表

（3）单击列表项中的商品，查看商品详细信息，如图 5-1-14 所示。
（4）如果想购买该网页中的商品，在该网页中找到"和我联系"链接，单击该链接，将自动打开阿里旺旺软件的"聊天"对话框，在"聊天"对话框中与卖家沟通，确认是否有货、质量、价格、邮费、优惠活动等信息，最后确认购买。

图 5-1-14　商品详细信息

（5）确认购买该商品，单击"立即购买"，填写所需数量、邮寄方式、收货地址、收件人、联系电话等，确认信息无误后，单击"提交订单"链接，如图 5-1-15 所示。

图 5-1-15　填写订单并提交

（6）若订单中的实付款数与卖家承诺的不一致，在提交订单后，先不要支付货款，应先联系卖家，等待卖家修改后，再通过支付宝支付货款。

常见问题及解决策略

1. 同一种商品在多个网店中都有的情况下，应关注的内容

在网购商品时，除了关注商品的价格因素外，还应关注网店的服务质量，如卖家信用评价、卖家历史信用构成、店铺半年内动态评分、店铺 30 天内服务情况、卖家为网上消费者提供的保障服务等情况。

2. 决定购买某种商品前，应和店主沟通哪些问题

在决定购买物品前，最好与店家联系，确认该商品的供货情况，譬如确认是全新的、带有哪些附件、包邮的价格等，谈话内容可以截图作为以后发生争执的证据。交谈中也可以向店家讨价还价（当然是有限度的），当最终谈好的价格与网上公布的价格不一样时，应通知店家修

改交易信息，确认修改以后，再支付货款。

3. 所购物品与网店描述不符

若买家收到的商品与卖家发布该商品信息的描述不一致，或是与之前买卖双方的约定存在不符的情况，包含商品本身及其瑕疵、颜色、数量、邮费、发票、发货情况、交易附带物件等与相关信息不符的情况。

若交易还在进行中，请及时联系卖家协商换货或退货。若无法协商一致，务必及时申请退款，并在规定时间发起维权申请"要求客服介入"，并上传有效凭证（如实物对比图片、质量检测凭证等），待淘宝客服核实。

若交易已成功，请积极联系卖家协商换货或退货，保存协商好的阿里旺旺聊天记录和退货凭证，如果在交易成功后的 15 天内未得到解决（如退款还未收到），请及时进入"我的淘宝"，在"已买到的宝贝"页面找到对应的交易，单击"投诉维权"，并上传相关凭证（如实物对比图片、质量检测凭证等），等待客服介入核实处理。

任务二　网上支付

在网上购物时，我们怎样给商家支付货款呢？除了用"货到付款"方式外，我们还可以通过网上银行或第三方支付平台（如支付宝等）给商家付款。

案例 10：使用支付宝付款

支付宝是全球领先的第三方支付平台，成立于 2004 年 12 月，最初作为淘宝网公司为了解决网络交易安全问题所设的一个功能出现，该功能为"第三方担保交易模式"。首先，由买家将货款打到支付宝账户，由支付宝通知卖家发货，买家收到商品确认后，再指令支付宝将货款支付卖家，至此完成一笔网络交易。支付宝网络技术有限公司旗下有"支付宝"与"支付宝钱包"两个独立品牌。自 2014 年第二季度开始，该公司成为当前全球最大的移动支付厂商。

支付宝主要提供支付及理财服务。包括网购担保交易、网络支付、转账、信用卡还款、手机充值、水电煤缴费、个人理财等多个领域。在进入移动支付领域后，为零售百货、电影院线、连锁商超和出租车等多个行业提供服务。此外，支付宝网络技术有限公司还推出了余额宝等理财服务。

支付宝与国内外 180 多家银行以及 VISA、MasterCard 国际组织等机构建立了战略合作关系，成为金融机构在电子支付领域最为信任的合作伙伴。

小李为了保障自己在网购交易中支付安全，办理了支付宝，支付宝既支付了各种网购货款，也起到了理财的作用。

任务活动

1. 教师讲解、演示使用支付宝进行网上支付的操作过程

（1）账户注册认证、充值、网上支付。
（2）网上支付过程中可能遇到的问题。

2. 学生使用支付宝进行网上支付

（1）网上支付。

（2）反思操作过程遇到的问题及解决办法。

3. 师生讨论网上支付中遇到的问题和解决方法

（1）如何保障网上支付的安全？

（2）如何防止网络诈骗？

任务操作

1. 注册支付账号

（1）打开 IE 浏览器，在地址栏输入"https://www.alipay.com"，按【Enter】键，打开"支付宝官网"主页，如图 5-2-1 所示。

图 5-2-1　"支付宝官网"主页

（2）单击"注册"链接或"免费注册"链接，显示使用手机号注册页面，如图 5-2-2 所示。

图 5-2-2　使用手机号注册页面

（3）若想使用电子邮箱注册，可单击"使用邮箱注册"链接，显示如图 5-2-3 所示。

（4）输入手机号（或电子邮箱）及验证码，单击"下一步"按钮，按提示设置身份信息，设置支付方式，完成账号注册。

图 5-2-3　使用邮箱注册页面

用手机号注册账号，用户账号为手机号；用电子邮箱注册账号，用户账号为电子邮箱地址；淘宝用户可直接用淘宝账号登录支付宝。

2．给支付宝充值

（1）在"支付宝官网"主页（https://www.alipay.com）输入支付宝账号和密码登录支付宝，打开"我的支付宝"页面，如图 5-2-4 所示。

图 5-2-4　"我的支付宝"页面

（2）单击账户余额后的"充值"按钮，打开支付宝充值页面，如图 5-2-5 所示。

图 5-2-5　支付宝充值页面

（3）选择充值网银，单击"下一步"按钮，打开支付宝充值金额输入页面，如图 5-2-6 所示。

图 5-2-6　支付宝充值金额输入页面

（4）输入充值金额，单击"登录到网银充值"链接，按提示打开网银，给支付宝充值。

3．用支付宝支付

（1）在淘宝网上购物，提交订单后，自动跳转到支付宝支付页面，如图 5-2-7 所示。

图 5-2-7　支付宝支付页面

（2）可勾选余额宝、账户余额，输入支付宝支付密码支付货款；若账户余额不够支付货款，可继续选择网上银行支付货款余额。支付流程如图 5-2-8 所示。

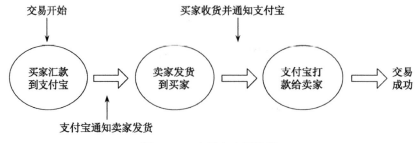

图 5-2-8　支付宝支付流程

提示

除了淘宝网支持支付宝网上支付外，多数网上商城都支持支付宝网上支付。

知识链接

1. 网上支付

网上支付是电子支付的一种形式，它是通过第三方提供的与银行之间的支付接口进行的即时支付方式，这种方式的好处在于可以直接把资金从用户的银行卡中转账到网站账户中，汇款马上到账，不需要人工确认。客户和商家之间可采用信用卡、电子钱包、电子支票和电子现金等多种电子支付方式进行网上支付，采用在网上电子支付的方式节省了交易的成本。

（1）网银支付。

直接通过登录网上银行进行支付的方式，要求开通网上银行之后才能进行网银支付，可实现银联在线支付，信用卡网上支付，等等，这种支付方式是直接从银行卡支付。

（2）第三方支付。

第三方支付是一些和产品所在国家以及国外各大银行签约并具备一定实力和信誉保障的第三方独立机构提供的交易支持平台。在通过第三方支付平台的交易中，买方选购商品后，使用第三方平台提供的账户进行货款支付，由第三方通知卖家货款到达、进行发货；买方检验物品后，就可以通知付款给卖家，第三方再将款项转至卖家账户。

2. 网上银行

网上银行又称网络银行、在线银行，是指银行利用 Internet 技术，向客户提供开户、查询、对账、行内转账、跨行转账、信贷、网上证券、投资理财等传统服务项目，使客户可以足不出户就能够安全便捷地管理活期和定期存款、支票、信用卡及个人投资等。可以说，网上银行是银行在 Internet 上的虚拟柜台。

网上银行发展的模式有两种，一是完全依赖于互联网的无形的电子银行，也叫"虚拟银行"；所谓虚拟银行就是指没有实际的物理柜台作为支持的网上银行，这种网上银行一般只有一个办公地址，没有分支机构，也没有营业网点，采用国际互联网等高科技服务手段与客户建立密切的联系，提供全方位的金融服务。

另一种是在现有的传统银行的基础上，利用互联网开展传统的银行业务交易服务。即传统银行利用互联网作为新的服务手段为客户提供在线服务，实际上是传统银行服务在互联网上的延伸，这是网上银行存在的主要形式，也是绝大多数商业银行采取的网上银行发展模式。

网上银行的业务品种主要包括基本业务、网上投资、网上购物、个人理财、企业银行及其他金融服务。

3. 分期支付

分期支付多用于生产周期长、成本费用高的商品交易上。分期支付的做法是在签订合同后，购货者先交付一小部分货款作为订（定）金给售货人，其余大部分货款在产品部分或全部生产完毕后，或在货到安装、调试、使用以及质量保证期满时分期偿付。

目前淘宝分期付款的手续费费率一般在刷卡消费金额的 0.7%～1%左右，刷信用卡的手续费费率×消费金额=分期付款手续费。买家在订单确认页面选择使用信用卡分期付款,页面会出现信用卡分期付款支持的银行及分期付款手续费的原费率及优惠费率。

网上分期支付是指在网上商城购物时,选择分期支付,提交订单后,可以通过网上银行完成首付部分金额的支付,然后按照指定的期数对信用卡账户进行分期扣款。

京东商城购物分期付款的操作流程:
（1）打开京东商城首页。
（2）扫码或使用账户登录京东商城。
（3）选择商品,加入购物车。
（4）点击"去结算"。
（5）选择结算方式为"分期付款"。
（6）提交订单。

任务拓展：开通网络银行

在网上购物时,离不开网银支付。建议用户到银行办理开通网银服务,使银行卡成为可以网上在线支付的工具。使用网络银行的方法如下:

（1）打开浏览器,在地址栏输入网上银行网址（如中国建设银行网址 www.ccb.com）,按【Enter】键,打开中国建设银行官网首页,如图 5-2-9 所示。

图 5-2-9　中国建设银行首页

（2）单击"个人网上银行登录"按钮,打开个人网上银行登录页面,如图 5-2-10 所示。

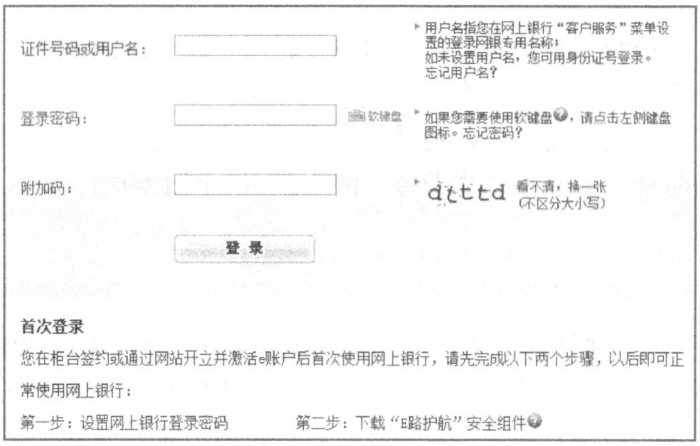

图 5-2-10　个人网上银行登录页面

（3）输入证件号（开通网银时登记的证件号，如身份证号）、密码、附加码，单击"登录"按钮，进入个人网上银行欢迎页，如图 5-2-11 所示。

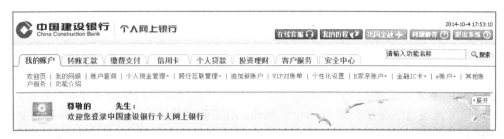

图 5-2-11　个人网上银行欢迎页

（4）单击"我的网银"链接，进入个人网上银行"我的网银"页面，可查看银行余额及近期交易记录。如图 5-2-12 所示。

（5）单击"转账汇款"选项卡，再单击"活期转账汇款"，可向建行其他账户转账汇款；单击"跨行转账"，可以进行"建行转他行""他行转建行"等交易。

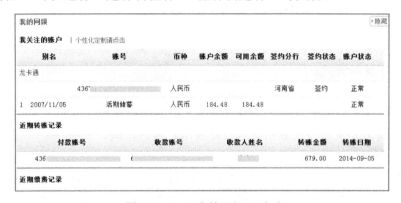

图 5-2-12　"我的网银"页面

（6）单击"缴费支付"选项卡，再单击"全国话费充值"，可给电话充值缴费。

常见问题及解决策略

1. 如何保障网上支付的安全

（1）设置单独的、高安全级别的密码。

如果邮箱、微博等登录名和支付宝账户名一致，那就要务必保证密码不同。支付宝的密码最好使用"数字+字母+符号"的组合，尽量避免选择用生日、身份证号码、手机号码等易于破解的数字作为密码。支付宝的登录密码和支付密码务必不能相同，否则就起不到双保险效果。

（2）用数字证书、支付盾等安全产品。

数字证书、支付盾等安全产品能够帮助提升账户的安全等级。盗用者在没有证书、支付盾的情况下无法操作资金。

支付宝的数字证书建议用户务必安装。支付盾等安全产品用户可以选择安装，卖家或者日常消费频率很高的用户都可以考虑选择安装。

（3）绑定手机，使用手机动态口令。

支付宝等网络支付账户都支持绑定手机，并支持设定手机动态口令。用户可以设定当单笔支付额度或者每日支付累计额度超过一定金额时就需要进行手机动态口令校验，从而增强资金的安全性。

（4）使用支付宝快捷支付享受全额赔付。

快捷支付的付款操作统一在支付宝平台完成，有效封杀了"钓鱼者"利用页面跳转进行钓鱼欺诈的空间。此外，快捷支付既需要用户的信用卡信息匹配，又要求支付宝密码和手机校验码双密码认证，本身有多重的安全保障。支付宝更是针对快捷支付提出了 72 小时无理由赔付制度。用户只要是通过快捷支付进行的付款操作，遭遇欺诈等资金损失，支付宝都会全额赔付。另外，提醒用户在账户内少留或者不留余额，尽量通过支付宝快捷支付付款，这是保障网上支付安全的最简单窍门。

2. 如何防止网络资金诈骗

网络资金诈骗通常指通过网络非法获取用户账号、密码、银行卡号、身份证号等信息，或者在用户不知情的情况下向指定账户汇款。

"网络钓鱼"是当前最为常见也较为隐蔽的网络诈骗形式。所谓"网络钓鱼"，是指犯罪分子通过使用"盗号木马""网络监听"以及伪造的假网站或网页等手法，盗取用户的银行账号、证券账号、密码信息和其他个人资料，然后以转账盗款、网上购物或制作假卡等方式获取利益。主要可细分为以下两种方式。

一是发送电子邮件，以虚假信息引诱用户中圈套。诈骗分子以垃圾邮件的形式大量发送欺诈性邮件，这些邮件多以中奖、顾问、对账等内容引诱用户在邮件中填入金融账号和密码，或是以各种紧迫的理由要求收件人登录某网页提交用户名、密码、身份证号、信用卡号等信息，继而盗窃用户资金。

二是建立假冒网上银行、网上证券网站，骗取用户账号密码实施盗窃。犯罪分子建立起域名和网页内容都与真正网上银行系统、网上证券交易平台极为相似的网站，引诱用户输入账号密码等信息，进而通过真正的网上银行、网上证券系统或者伪造银行储蓄卡、证券交易卡盗窃资金。还有的利用合法网站服务器程序上的漏洞，在站点的某些网页中插入恶意代码，屏蔽住一些可以用来辨别网站真假的重要信息，以窃取用户信息。

为保证不出问题，建议不要在网上随意填写个人资料，开通网上业务应前往正规银行索要资料，登录正确的网页办理业务，避免上当受骗。

 ## 项目小结

本项目以借助网络进行交易为主要目的，以网上购物和网上支付两个具体任务为过程，希望通过实际训练达到项目设定的基本目标。

网上购物是现代生活中一种重要的购物方式，掌握网上购物的基本技能也是信息化社会对每一个人提出的基本要求。利用网上购物，可以节约大量的购物时间和成本，使购物变得轻松和快乐，从而提高我们的生活质量。

网上支付是网上购物中的一个重要环节，网上支付高效、快捷，为网购提供了高效的支付技术支撑。网上银行除了完成查询、转账、购物、缴费等业务外，也能进行网上投资、网上理财等业务。

项目考核

学习任务完成后,可以进行自评、互评和教师点评,形成个人和学习小组任务完成情况总体评价。合作学习评价的内容和要求参见项目一,知识、技能评价的内容和要求如下。

(1)对网上购物的了解。

能清楚描述网络网上购物的流程,理解网上购物给人们生活方式带来的变革。

(2)网上购物的熟练程度。

能在网上商城中选择自己喜爱的商品,顺利完成网上购物流程。

(3)对网上支付的了解。

了解网上支付的作用,掌握安全使用网络支付进行交易的方法。

(4)使用网上支付的熟练程度。

会使用支付宝、网银进行网上支付,能安全地进行网上交易。

项目习题

1. 单项选择题

(1)商品的三要素,包括商品名称、商品图片、(   )。

　　A. 商品价格　　　B. 商品描述　　　C. 商品属性　　　D. 商品颜色

(2)以支付宝为例,第三方支付流程为(   )。

　　A. 选择商品——付款到银行——银行转账给支付宝——交易完成

　　B. 选择商品——付款到支付宝——买家收货确认——支付宝付款给银行——交易完成

　　C. 选择商品——付款到支付宝——支付宝付款给卖家——交易完成

　　D. 选择商品——付款到支付宝——买家收货确认——支付宝付款给卖家——交易完成

(3)与传统银行业务相比,网上银行业务不具有(   )优势。

　　A. 大大降低银行经营成本,有效提高银行盈利能力的

　　B. 无时空限制,有利于扩大客户群体的

　　C. 有利于服务创新,向客户提供多种类、个性化服务的

　　D. 更高的安全性

(4)出于安全考虑,网上支付密码最好是(   )。

　　A. 用字母和数字混合组成　　　　　B. 用银行提供的原始密码

　　C. 用常用的英文单词　　　　　　　D. 用生日的数字组成

2. 多项选择题

(1)如果在网上购物,(   )会影响购物决定。

　　A. 价格是否便宜　　　　　　　　　B. 是否是名牌

C. 是否有质量保证　　　　　　　　D. 售后服务是否有保证

(2) 实现在线交易，为了保障买卖双方信任，实现安全交易，必须解决（　　）。

A. 商品的按约交接问题　　　　　　B. 买卖双方的资信担保问题
C. 在线支付的安全保障问题　　　　D. 信息传输的安全保密问题

(3) 网上商店采用的送货方式主要有（　　）。

A. 邮寄　　　　B. 快递　　　　C. 送货上门　　　　D. 门店取货

(4) 关于退货程序描述错误的是（　　）。

A. 买家如需退货，必须在收到货后在支付宝规定的时间内提出退货申请
B. 逾期申请退货且卖家拒绝接受退货，则支付宝会将争议货款支付给买家
C. 整个退货流程与正常的交易流程相反
D. 为确保安全，买家可以要求卖家先退款再退货

3. 判断题

(1) 在确定网上购买物品之前，消费者可在购物车中查看、修改选购的商品。（　　）

(2) 淘宝网目前的业务涵盖 C2C（个人对个人）、B2C（商家对个人）两大部分。
（　　）

(3) 在买家签收之前，货物丢失或者损毁的风险，由卖家承担。（　　）

(4) 网上银行，又称网络银行、电子银行、虚拟银行，它实际上是银行业务在网络上的延伸。（　　）

(5) 李先生的生日是 1965 年 10 月 13 日，他把自己银行账号的密码设为 651013，他设置的密码是安全的。（　　）

4. 简答题

(1) 什么是网上商城？
(2) 简述网上购物的流程。
(3) 什么是网上银行？
(4) 支付宝支付给我们带来了哪些便利？
(5) 怎样防止网络资金诈骗？

5. 实训题

(1) 在淘宝网（或京东）上购一物品。
(2) 通过网上银行给电话充值。

项目六

网上预订

网上预定是指网络用户通过互联网，预定餐饮、酒店、车票、机票和景点门票等的网络消费形式。网上预定独有的便捷性和直观性，更能够被现代人认同和接受，因此，通过网络预订购买各种产品已成为人们生活中重要的一种消费方式。

项目目标

- 了解网上预订的基本内容。
- 会参加网络团购活动。
- 会在网上预订火车票、住宿等。

任务一　团购美食

团购是指一个团队整体向商家采购，而网络团购则是互不认识的消费者，借助互联网平台聚集人数和资金，就购买商品与商家谈判，以求得最优价格的商务模式，国际上将这种新的网络消费方式通称为B2T（Business To Team）电子商务模式。

案例11：参加窝窝团购

窝窝团（即窝窝商城）成立于2010年3月15日，是中国最大的生活服务电子商务平台之一，是生活服务电子商务的领先者和开创者。

窝窝团致力于把本地生活服务商家与消费者连接起来，帮助商家出售剩余服务能力，帮助消费者经济理性地选择消费，打造中国最大的吃喝玩乐生活服务在线商城。

窝窝团上聚集了全国众多优质的生活服务商家入驻开设线上专卖店，每天有大量的吃喝玩乐商品售卖，有超便宜的团购，各种代金券、会员卡、优惠券、折扣服务、还有限时促销等各种优惠活动，内容涵盖了美食、电影、婚庆、旅行、酒店、美容保健、休闲娱乐等多类别，基本覆盖了人们的日常生活所需，使用户得以用最少花费享受最时尚的高品质生活。

为了更好地服务用户，窝窝商城通过了ISO9001国际质量管理体系认证，并在业内设立"百万消费保证金"保障用户权益。

窝窝团现已覆盖全国 350 个城市,在 200 多个城市有本地的服务团队,累计 20 万家的品牌商户入驻并开店,每天还有上千家商户不断入驻。

目前,窝窝团是使用较多的网购环境,学会熟练使用窝窝团网购也是网络生活的基本要求之一。小李就是窝窝团的常客,他经常登录窝窝团预定美食、团购影票,网上预定给他带来了巨大的实惠。

任务活动

1. 教师讲解、演示网上团购的操作过程

(1) 网购和团购。
(2) 团购的流程和操作方法。

2. 学生选择自己感兴趣的网站和商品参加网购活动

(1) 选择团购网站,参加团购活动。
(2) 反思团购要注意的问题和解决办法。

3. 师生讨论网购和团购可能遇到的问题和解决方法

(1) 如何在网购中得到更多的实惠?
(2) 如何保证网购的安全性?

任务操作

(1) 打开 IE 浏览器,在地址栏输入"http://55tuan.com",按【Enter】键,打开"窝窝团"网页,如图 6-1-1 所示。

图 6-1-1 "窝窝团"主页

(2) 单击"切换城市"链接,打开"城市"选择页面,选择购买商品的城市,如图 6-1-2 所示。

项目六 网上预订

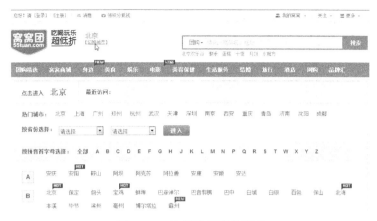

图 6-1-2 选择购买商品城市

(3) 在 "分类" 中选择购买商品的类别，在 "区县" 中选择购买商品的位置，选择商品排序的方法，显示 "窝窝团" 能够提供的相关商品，如图 6-1-3 所示。

图 6-1-3 选择商品

(4) 找到有意向购买的商品后，单击 "去看看" 链接点，查看该商品的详细信息，如图 6-1-4 所示。

图 6-1-4 查看商品详细信息

（5）选中满意的商品后，单击"抢购"链接点，显示"用户登录"对话框，没有注册的用户可单击"直接购买"按钮，如图 6-1-5 所示。

图 6-1-5　"用户登录"对话框

（6）输入"登录名""密码"和"验证码"，单击"登录"按钮（或单击"直接购买"），进入"填写订单"向导，按要求填写后，单击"下一步"按钮，如图 6-1-6 所示。

图 6-1-6　"填写订单"向导

（7）根据向导要求，逐页填写信息至完成网购活动。

知识链接

1. 团购形式

现有的团购形式大致有 3 种，购买者自发组织、团购公司组织和产品供货商组织。

第一种由商品购买者自发组织的团购，是购买者本身为了能够以较低的价格购买到产品而组织的一种团购行为。购买者自己在网上组织人员，形成团购力进行购买，为的是自己能买到便宜的商品，参加者和组织者都是受益者，但过程一定辛苦。

第二种专门公司组织团购，是指具有团购性质的公司发起的团购行为，它们以供应商有少许利润，组织者有微薄利润，而参与者能够在保证正品的情况下拿到比市场价低的产品为目的。

第三种，就是商家自己组织的团购，在网上宣传商品、组织并诱导网民购买的一种促销活动。

团购是在保证各方利益的前提下存在的交易，参与的各方必然有利益关系，如果厂商、组织者和参与者任何一方的利益不能得到保证，团购也就不可能长久存在。团购交易也有交易的规则，即公正、公平、透明、合理，团购公司在实际操作中也要和厂商签定合同，制约各种服务，保证三方利益。团购能使厂商获得大量订单，在比较低的生产成本下扩大市场影响力，达到增加盈利的目的。团购的参与者得到最直接的购货渠道，既避免了买到假货、差货，又能享受到比市场零售价低得多的价格。团购的组织者也将获取自己的佣金。

2. 组织团购的基本流程

团购分开团和跟团两种，开团者称为团长，是组织团购的一方，跟团者称为团员，是参加团购的一方。除团长和团员以外，还有提供商品的一方，称为商家。

组织团购首先需要团长开团，即团长找到开团购买的商品，确定团购要求人数、商品品牌、型号及商品团购的价格等，然后召集团员。组织者可以在网上发布信息寻找参与者，也可以找周围的亲戚朋友等，为了确认参团人的购买意向，有些团长会向团员收取订金。当参与人数达到团购要求的人数后，团长就会组织向商家进行统一购买。如果参团人数未达到团购要求，则开团失败。

对团员来说，不需要和商家接触，不需要讨价还价。团员看到团长的帖子，或者被周围开团的亲戚朋友说动，觉得对开团的商品感兴趣即可参与团购。当参与人数达到团购要求的人数后，向团长付款，领商品、索要相关票据、质保书等。如果参与者未达到团购要求，则跟团失败。

专业团购组织的团购流程为：① 注册成为团购组织的会员；② 向团购组织提交购买消费意向或者直接报名参加已有团购活动；③ 收到团购组织者的活动邀请；④ 在约定时间前往活动地点（品牌经销点、卖场或者大型的展卖场）参加团购活动；⑤ 挑好自己要购买的产品后下订单；⑥ 验货付款提货。

任务拓展：网上叫外卖

一般意义上的外卖就是快餐的外送服务，广义的外卖可以泛指一切通过网络选购、商家提供上门的服务。

百度外卖是由百度打造的专业外卖服务平台，提供网络外卖订餐服务。订餐可以通过 PC 端网站、手机 App、微信公众账号"百度外卖"以及百度地图"附近"功能进行操作。消费者可以基于地理位置搜索到附近的各种外卖信息，选择配送时间、支付方式，并添加备注和发票信息，随时下单，快速配送到手，完成足不出户的美味体验。

"饿了么"是主营在线外卖、新零售、即时配送的生活服务平台，已覆盖 2000 多个城市，加盟餐厅 130 万家，用户量高达 2.6 亿，成为全球瞩目的外卖行业公司。使用"饿了么"的方法和步骤如下：

（1）在智能手机上下载、安装"饿了么"客户端，图标显示如图 6-1-7 所示。

（2）点击"饿了么"图标打开首页，显示"饿了么"提供的外卖项目，如图 6-1-8 所示。

（3）点击"美食"，显示供餐商家和自己喜欢的餐饮，如图 6-1-9 所示。

图 6-1-7　显示"饿了么"图标　　图 6-1-8　"饿了么"主页　　图 6-1-9　选择外卖

（4）点击感兴趣的商家，查看外卖详情，如图 6-1-10 所示。
（5）点击所要购买的餐饮，加入购物车，如图 6-1-11 所示。
（6）点击"去结算"，输入接收外卖的地址，如图 6-1-12 所示。

图 6-1-10　查看外卖详情　　图 6-1-11　加入购物车　　图 6-1-12　输入收货地址

（7）点击"提交订单"→"确认支付"→"确认付款"，完成外卖点餐。

 提示

选择有红包反馈等活动的商家，可以得到最多的优惠；若等待时间过长，可以催单或取消订单。

常见问题及解决策略

1. 团购限制性条件

团购是三方得利的网上销售活动，商家在需要一定空间拓展时，才会将销售触角延伸至网络，因此，有许多团购项目设定有一定前提条件，如节假日不能使用、多张消费券不能一次使用、不能使用包间等。为避免团购限制性条件带来的不便，团购者需要看清团购的附加条件，在认为合适时再下订单购买。

2. 自己组织团购存在的问题

自己组织团购的目的是为了获得最大化的利益，能否达到利益最大化要受多方面限制，因此，在决定组织团购时需要先解决好以下问题。

对购买商品的熟悉程度。组团者对购买商品了解不多，会在供货商、型号和价格选择时面临难题，甚至购买到性价比较低的商品。

交易的可靠性保障。自己组织团购，组织者代表了大家的利益，既要保障参加团购者交易资金的安全、商品维护保养可靠，也要兼顾与商家合同履行的义务，避免商家遭受损失。

任务二　网络购票

网络购票是指登录售票网站，在网上查询余票、预订、付款等一系列活动。网络上可以购买到的票据种类很多，有人们出行必备的火车票、飞机票、轮船票，也有参加大型活动、参观景点的门票，利用网络购票不仅省时省力，更能得到实惠。

案例 12：在 12306 网站购买火车票

WWW.12306.com 是中国铁路客户服务中心网站，是铁路服务客户的重要窗口，它集成了全国铁路客货运输信息，为社会和铁路客户提供客货运输业务和公共信息查询服务。客户登录网站，可以查询旅客列车时刻表、票价、列车正晚点、车票余票、售票代售点、货物运价、车辆技术参数以及有关客货运输规章等，也可以办理购票、货运等业务。

身在异乡的小张每年都要在节假日返乡看望父母，但购买时间合适的火车票是个难题，自从网上开通了 12306 车票预售系统，购买返乡车票就不再是小张为之发愁的难事了。小张实名注册了购票网用户，熟悉了网络购票流程，每次都能购买到满意的车票。

任务活动

1. 教师讲解、演示网上购买火车票的操作过程

（1）网络购票流程。
（2）网上购票的操作方法。

2. 学生登录网络熟悉网上购票的基本流程

（1）熟悉基本操作。

（2）思考操作中可能出现哪些问题，如何解决？

3．师生讨论网络购票过程遇到的问题和解决方法

（1）如何提高网络购票速度？

（2）网速慢对购票有何影响？

任务操作

（1）打开浏览器，在地址栏输入中国铁路官方网址"www.12306.cn"，打开"中国铁路客户服务中心"网站，如图6-2-1所示。

图6-2-1　"中国铁路客户服务中心"网站主页

（2）单击"网上购票用户注册"链接，打开用户注册的"填写账户信息"页面，如图6-2-2所示。

图6-2-2　"填写账户信息"页面

（3）填写"用户名""密码"等信息后，选中"我已阅读并同意遵守 《中国铁路客户服务中心网站服务条款》"选项，单击"同意协议并注册"，打开"填写详细信息"页面，如图6-2-3所示。

提示

在铁路售票系统注册用户需要二代身份证和实名制，虚假信息不能通过验证。

图6-2-3 "填写详细信息"页面

（4）根据向导提示完成注册并激活用户后，即可登录网站购票。在12306网站主页单击"购票"链接，打开"车票预订"页面，如图6-2-4所示。

图6-2-4 "车票预订"页面

（5）单击"登录"链接，打开用户"登录"页面，如图6-2-5所示。

图6-2-5 "登录"页面

(6)正确填写"用户名""密码"和"验证码",单击"登录"链接,打开"车票查询"页面,如图 6-2-6 所示。

(7)选择"出发地""目的地""出发日"和车票类别,单击"查询"链接,打开查询结果页面,如图 6-2-7 所示。

图 6-2-6 "车票查询"页面

图 6-2-7 车票查询结果

(8)选定好车次后,单击"预订"链接,打开"车票预订"信息页面,如图 6-2-8 所示。

图 6-2-8 "车票预订"信息

（9）输入购票人信息，输入验证码，系统显示详细购票信息，如图 6-2-9 所示。

（10）确认信息无误后，单击"确认"链接，锁定购票信息，如图 6-2-10 所示。

图 6-2-9　显示购票信息

图 6-2-10　锁定购票信息

 提示

支付应在 45 分钟内完成，否则，系统自动取消预订。

（11）单击"网上支付"链接，显示各银行支持的网银链接，如图 6-2-11 所示。

图 6-2-11　网银支付链接

（12）选择网银并成功支付后，车票购买任务全部完成。

知识链接

1. 网络购票技巧

利用网络购买火车票不但要熟悉网上购票流程，也要了解网上购票的一些技巧，只有掌握和灵活应用以下网络购票技巧，才能提高网上购票的成功率。

（1）提前注册。网上购票需要在购票前做好基础准备工作，主要是注册网络用户。注册用户后，用户名和密码应妥善保管，以便购票时登录。

（2）提前存款。在完成网上预订火车票后，应及时付款，否则，预订成功的车票也会因为没有付款而撤销。因此，在网银里存有足够购买车票的钱，才能保证最终购票成功。

（3）添加联系人。如果需要经常为家人和朋友集体订票，应提前把购票人的信息添加到自己的常用联系人中，这样在购票时会省去很多输入个人信息的麻烦，以便快速完成购票任务。

（4）购票时间。在网上开始预订的时间通常要比窗口时间早两天，节假日提前的时间更长，把握好网上开始预订的时间，第一时间登录网络订票，才可能成功完成订票任务。

（5）关闭其他程序。为了让订票网站运行顺畅，应关闭计算机运行的其他软件，避免因为程序运行过多，降低系统速度，而影响网购车票的效率。

（6）刷票技巧。在节假日等特殊时间进行网上购票，可能出现网络拥塞现象，挤入购票行列是成功购票的前提。使用浏览器神器刷票，可以提高抢票成功率，百度提供的百度卫士抢票神器，就是一款不错的抢票软件。

2. 根证书安装

（1）在"中国铁路客户服务中心"主页，单击"根证书"链接，将安装文件下载至本地硬盘。

（2）双击证书安装文件，打开"证书"对话框，如图6-2-12所示。

（3）单击"安装文件"按钮，打开"证书导入向导"，如图6-2-13所示。

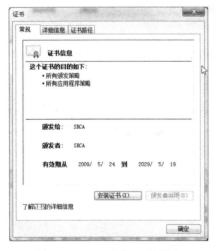

图6-2-12 "证书"对话框

图6-2-13 "证书导入向导"对话框

（4）单击"下一步"按钮，打开"证书导入向导"的"证书存储"对话框。选中"将所有的证书放入下列存储"单选钮，单击"浏览"按钮，在打开的对话框中选中"受信任的根证书颁发机构",返回"证书导入向导"对话框,如图 6-2-14 所示。

（5）单击"下一步"按钮,打开"证书导入向导"的"完成"对话框,如图 6-2-15 所示。

（6）单击"完成"按钮,完成证书导入。之后,根据提示逐步操作,至结束证书安装。

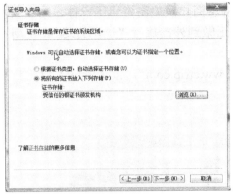

图 6-2-14　选中证书存储位置　　　　图 6-2-15　完成证书导入向导操作

3．手机 App 购买火车票

由于手机已经实名制,所以使用手机 App 购买火车票比登录互联网买票更为便捷。使用手机购买火车票的方法如下：

（1）点击"铁路 12306"手机客户端,显示"车票预定"界面,如图 6-2-16 所示。

（2）选择出行起始和终点站、日期、火车类型,点击"查询",显示符合要求的车次,如图 6-2-17 所示。

（3）登录系统、选择车次、添加购票者,生成车票订单信息,如图 6-2-18 所示。

图 6-2-16　车票预定　　　图 6-2-17　显示符合条件车次　　　图 6-2-18　显示订单信息

（4）"提交订单"→"确认付款",支付后生成订单信息,完成购票活动。

任务拓展：携程旅行新生活

节假日出外旅行惬意却麻烦，交通、住宿、门票等既需要规划也需要张罗，而携程旅行网集酒店预订、机票预订、度假预订、商旅管理、特惠商户及旅游资讯于一体，是互联网和传统旅游的无缝结合，能满足出行者的各种需求，真正做到外出旅行"一网打尽"。使用"携程旅行网"的具体方法如下：

（1）打开 IE 浏览器，在地址栏输入"http://www.ctrip.com"，按【Enter】键，打开"携程旅行网"主页，如图 6-2-19 所示。

图 6-2-19　"携程旅行网"主页

（2）单击"旅游"链接，打开"旅游"网面，选择旅游方式如"自驾游"，查看相关服务，如图 6-2-20 所示。

图 6-2-20　"旅游"网面

（3）单击"查看详情"链接，浏览具体的服务内容，如图 6-2-21 所示。

图 6-2-21　选定服务的详情介绍

（4）选择到自己满意的项目后，单击"开始预订"按钮，网站将根据你选择的日期给出具体报价，如图 6-2-22 所示。

图 6-2-22　预订服务的内容

（5）单击"立即预订"按钮，即进入网购的交易程序。

 常见问题及解决策略

1. 安装根证书后不能正常使用

在本机安装上 12306 下载的根证书后，仍不能正常使用的主要原因有两个，一是证书存储的位置不对，二是导入证书出现问题。证书需要保存在授信的证书颁发机构的目录下，否则不能正常使用，在证书安装过程中，应注意选择安装位置，确保系统能够正常运行。若证书安装位置正确，则可能是证书在导出时出了问题，可重新下载安装根证书。

2. 购买不到紧俏车票

紧俏车票难买是不争的事实，但总是买不到紧俏车票则需要找原因了。主要原因有准备不足、网速太慢、缺少抢票意识等。提前做好准备可以节约购票的操作时间，减少操作期间的无效时间，尽快完成购票操作。网速太慢、提交信息的时间会长，就有可能错过有限票源的购票机会，关闭购票以外的其他操作，可以提高抢票的成功率。购买紧俏票源的车票，在第一时间下订单至关重要，紧俏车票会在极短的时间内销售一空，不及时上线购买肯定买不到所需车票。

 项目小结

网上提前预订消费项目既是节省时间、费用的一种选择，更是未来消费的一种发展趋势。本项目以预订美食和预订火车票两个具体内容为对象，详细介绍了网购活动的基本操作，旨在帮助学习者了解网上预订流程，学会网购生活。

网购是三方获利的一种网络消费活动，商家在网络上促销商品也会以保证自己利益为前提，消费者应理解商家的正常经商行为，不要盲目参与网购。在参与网购时一定要看清商家具体的限制性条款，避免由此产生纠纷，造成损失。

互联网上有很多专门的团购网站，货比三家，争取利益最大化是网络消费的不错选择，但有些网站为了吸引顾客会给出许多优惠，如返还积分券等，充分利用各种优惠条件，有时也会有意想不到的收获。

项目考核

学习任务完成后,可以进行自评、互评和教师点评,形成个人和学习小组任务完成情况总体评价。合作学习评价的内容和要求参见项目一,知识、技能评价的内容和要求如下。

(1) 对网上预订资源的了解。

了解常用的团购网站,并知道团购的基本操作方法。

(2) 对网上预订活动的熟悉程度。

了解网上预订操作流程,能成功预订网上消费项目。

(3) 对网购火车票操作的熟练程度。

了解网上购买火车票的基本操作,会在网上购买车票。

(4) 对自己组织团购活动的认识。

了解自己组织团购的操作流程,认识团购中的风险。

 项目习题

1. 单项选择题

(1) 窝窝团网站是使用较多的(　　)。

　　A. 网店　　　　B. 网购环境　　　C. 支付环境　　　D. 网购公司

(2) 网购的支付安全性(　　)。

　　A. 有可靠保障　　　　　　　　　B. 靠用户自己保障

　　C. 不好保障　　　　　　　　　　D. 不太好说

(3) 在"中国铁路客户服务中心"网站购买火车票需要在本机安装(　　)。

　　A. 数字证书　　B. 认证证书　　　C. 根证书　　　　D. 身份证书

(4) 以下说法正确的是(　　)。

　　A. 网购是一种团购形式　　　　　B. 网购只能由商家组织

　　C. 网上能买到自己需要的所有商品　D. 网购将成为重要的购买形式

2. 多项选择题

(1) 利用网络可以预定(　　)。

　　A. 餐饮　　　　B. 酒店　　　　　C. 车票　　　　　D. 景点门票

(2) 在自己组织的团购中,参团者根据角色不同,分为(　　)和(　　)。

　　A. 公司　　　　B. 团长　　　　　C. 店长　　　　　D. 团员

(3) 在携程旅行网可以预定(　　)。

　　A. 酒店　　　　B. 机票　　　　　C. 汽车票　　　　D. 景点门票

(4) 团购形式有(　　)、(　　)和(　　)。

　　A. 购买者自发组织　　　　　　　B. 团购公司组织

　　C. 产品供货商组织　　　　　　　D. 单位组织

3. 判断题

(1) 网上预订是一种网络消费形式。 (   )
(2) 每个网民都可以自己组织团购活动。 (   )
(3) 团购活动分开团和跟团两种。 (   )
(4) 网上购票需要在购票前做好基础准备工作。 (   )
(5) 现有的团购形式大致有 3 种。 (   )

4. 简答题

(1) 常用的网购网站有哪些？
(2) 参加网上预订有哪些好处？
(3) 如何才能在网上购买到紧俏的火车票？
(4) 网上预订生效后如何取消预订？
(5) 如何保证网上消费的利益最大化？

5. 实训题

(1) 在网上团购一种自己需要的商品。
(2) 在 12306 网站购买一张火车票。

项目七

网上开店

电子商务是一种替代传统商务活动的新形式，也被人理解成为新型的网络买卖市场。在网上购物成为时尚的今天，商家也开始将传统商铺开到了网上，社会中的个人也能在网上开个网店销售自己的商品。开网店不需要花费多少资金，但能在传统的经营推广之余，开辟出一条更高效、更广泛的销售渠道。网上营销，超越了时间和空间的限制，因此创造出无限商机。

项目目标

- 了解网上开店的方法，会用所学方法在淘宝网上开设网店。
- 了解网店装修的方法，能够给自己的网店进行店面装修。

任务一　网上开店

网上店铺销售是一种在互联网时代诞生的新的销售方式，与网下的传统商业模式有较大差异。开设个人网店与大规模的网上商城及零星的个人用品网上拍卖相比，投入不大、经营方式灵活，且可以获取不错的利润，因此，开设网店不但是许多人创业的途径，更是在职人员不错的兼职选择。

案例13：淘宝网上开店

网店是先期通过网上选择商品，然后通过各种在线支付手段进行支付，进而完成交易全过程的网站，网店有方便快捷、交易迅速、不易压货、打理方便、形式多样等特点。开设网店不用经过装修、采购等过程，在买卖双方达成意向之后可以立刻付款交易，商品通过物流送到买家的手中。网店没有实体店铺压货的担忧，不需要请店员看店，也不需要跑路上货。如果资金充足，可以自己构建网络商店，而个人多选择比较好的网店服务提供商进行注册然后交易。

网店交易最大的问题是信任机制，信任感使买家喜欢与自己交易过有信任度的商家交易，因此第一次交易顺利的买家成为老客户的机会更高。

小李经常在淘宝网上网购商品,小李的很多朋友也经常在淘宝网上网购,他不但知道网上商品种类繁多,更知道能得到意想不到的实惠。因此,他也想在淘宝网上开个网店,实现自己的创业梦想。

任务活动

1. 教师讲解、演示网上开店的操作过程

(1)网店、身份认证、消保协议。
(2)网上开店过程和可能遇到的问题。

2. 学生操作练习网上开店过程

(1)登录淘宝网卖家中心、拍身份证照、输入认证信息。
(2)反思网上购物过程中遇到的问题及解决办法。

3. 师生讨论网上开店过程中遇到的问题和解决方法

(1)淘宝网上开店需要做哪些准备?
(2)消保保证金有什么作用?

任务操作

(1)打开 IE 浏览器。在地址栏输入"http://www.taobao.com",按【Enter】键,打开"淘宝网"首页,并单击"登录"链接,输入淘宝账号和密码,登录淘宝网,如图 7-1-1 所示。

图 7-1-1 "淘宝网"首页

(2)单击"卖家中心"链接,打开"卖家中心"网页,如图 7-1-2 所示。

图 7-1-2 "卖家中心"网页

(3)单击"我要开店"链接,打开"免费开店"网页,如图 7-1-3 所示。

图 7-1-3 "免费开店"网页

（4）单击"个人开店"按钮，打开"开店条件检测"网页，如图 7-1-4 所示。

图 7-1-4 淘宝网"开店条件检测"网页

提示

若你用淘宝账户网购了商品，你的支付宝账户肯定已经绑定，支付宝实名认证已经通过。若支付宝实名认证未通过，请单击该行后的"重新认证"链接，进行认证。

（5）单击"淘宝开店认证"后面的"立即认证"链接，打开淘宝网"身份认证"网页，如图 7-1-5 所示。

（6）单击"立即认证"按钮。打开"淘宝身份认证资料"网页，单击"电脑认证"选项卡，显示电脑认证所需信息，如图 7-1-6 和图 7-1-7 所示。

项目七　网上开店

图 7-1-5　"身份认证"网页

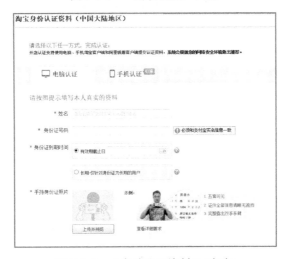

图 7-1-6　"身份认证资料"页面 1

图 7-1-7　"身份认证资料"页面 2

（7）在淘宝身份认证资料页面中，上传身份证照片、身份证正面图片、身份证背面图片，输入认证信息，单击"提交"按钮，显示"认证审核中"提示页面，如图 7-1-8 所示。

（8）若在认证审核期间登录淘宝网，查看"开店条件检测"页面，淘宝开店认证状态显示为"进行中"，如图 7-1-9 所示。

图 7-1-8　"认证审核中"页面

图 7-1-9　"填写并核对订单信息"页面

（9）若在"开店条件检测"页面中，两项认证状态都显示为"已通过"，"创建店铺"按钮变为可用状态，如图 7-1-10 所示。

图 7-1-10　"开店条件检测"审核通过状态

（10）单击"创建店铺"按钮，打开"开店协议"页面，如图 7-1-11 所示。

项目七　网上开店

图 7-1-11　"开店协议"页面

（11）单击"同意"按钮，店铺创建成功了，此时可以继续完善店铺的其他信息，如图 7-1-12 所示。

图 7-1-12　"店铺创建成功"页面

（12）单击"完善店铺信息"链接，打开店铺基本设置页面，如图 7-1-13 所示。

111

图 7-1-13 "店铺基本设置"页面

（13）输入店铺基本设置的相关信息，单击"保存"按钮，店铺基本设置完成。

（14）在"店铺创建成功"页面中，单击"了解保证金规则"链接，打开缴纳消保保证金的商品类目清单，如图 7-1-14 所示。

图 7-1-14 "店铺创建成功"页面

（15）单击"消费者保障服务"链接，打开消费者保障服务页面，如图 7-1-15 所示。

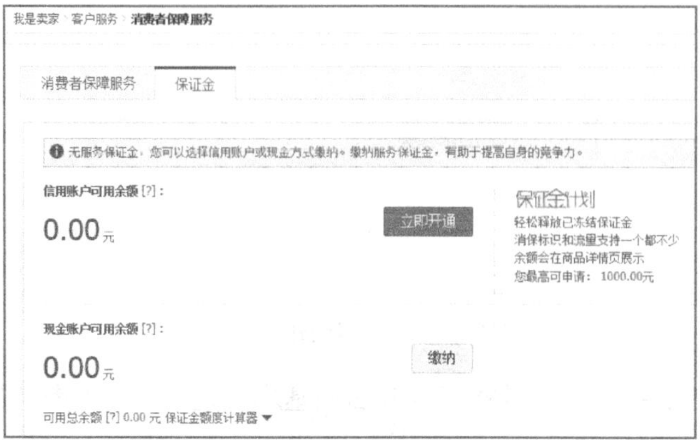

图 7-1-15 "消费者保障服务"页面

（16）单击"立即开通"按钮，打开加入保证金计划页面，如图 7-1-16 所示。

图 7-1-16 "加入保证金计划"页面

（17）单击"支付保费"按钮，进入支付宝交易页面，按要求完成保费支付。到此，网上开店的手续已经办理完成，可以进入卖家中心发布你的宝贝（商品）了。

知识链接

1. 网上开店

网上开店是指店主（卖家）自己建立网站或通过第三方平台，把商品（形象、性能、质量、价值、功能等）展示在网络上给顾客看，然后在网络上留下联系和支付方式，买卖双方相互联系，然后买家以汇款或网上银行的付款方式跟店主进行买卖，来达成交易的整个流程。

网上开店所售商品有两种，一是实物，二是虚拟物品。实物是指大多的网购物品，如家具、服装、电器、电子产品等物品。虚拟物品是指话费充值、QQ 增值业务、Q 点 Q 币、游戏卡等等。

2. 消费者保障服务

淘宝消保，全称消费者保障服务。是指经用户申请，由淘宝在确认接受其申请后，针对其通过淘宝网这一电子商务平台同其他淘宝用户（"买家"）达成交易并经支付宝服务出售的商品，根据本协议及淘宝网其他公示规则的规定，按其选择参加的消费者保障服务项目，向买家提供相应的售后服务。

淘宝的消费者保障服务项目通常有：

（1）如实描述：消费者购买支持此服务的商品，如果被发现和卖家描述的不一样，可以申请赔付。

（2）七天无理由退换货：消费者购买支持此服务的商品后，如果在签收货物后的 7 天内不想买了，卖家有义务向客户提供退换货服务。

（3）假一赔三：消费者购买支持此服务的商品，如果被发现是假货，就能申请三倍赔偿。

（4）闪电发货：消费者购买支持此服务的商品，能够享受"闪电发货"，要是卖家发货不及时，买家可以申请赔偿。

（5）正品保障：卖家承诺提供"正品保障"服务，可以使顾客放心购买。

任务拓展：网店装修

网店的店铺装修与实体店的装修一样，都能让店铺变得更美，更吸引人。一个好的店铺设计对于网店来讲更为重要，因为客户是从网上的文字和图片来了解网店的，了解网店产品，所以好的店铺装修能增加用户的信任感，也可以对树立店铺品牌起到关键作用。店铺装修的具体过程如下。

（1）登录淘宝网，进入卖家中心，在左侧功能导航区域找到"店铺装修"和"图片空间"链接，如图 7-1-17 所示。

图 7-1-17　"卖家中心"店铺管理功能导航

（2）单击"图片空间"链接，打开"图片空间"页面，将店面装修用的图片上传到图片空间中，如图 7-1-18 所示。

图 7-1-18　上传店铺装修图片到图片空间

（3）单击"卖家中心"的"店铺装修"链接，进行店铺装修，如图 7-1-19 所示。

图 7-1-19　店铺装修页面

（4）鼠标指向"基础版"，出现"免费升级专业版"菜单，单击"免费升级专业版"菜单，进行专业版旺铺装修，如图 7-1-20 所示。

图 7-1-20　专业版店铺装修

（5）单击"宝贝分类"链接，进行宝贝分类，如图 7-1-21 所示。

图 7-1-21　宝贝分类管理

（6）多次单击"单击添加手工分类"按钮，输入分类名称，单击"保存更改"按钮完成分类操作，如图 7-1-22 所示。

图 7-1-22　添加分类信息

（7）鼠标指向"页面装修"按钮，在出现的菜单中单击"页面管理"命令，进行页面管理，如图 7-1-23 所示。

图 7-1-23　页面管理

（8）在"首页"行后单击"页面装修"操作命令，进行页面装修，如图 7-1-24 所示。

图 7-1-24　页面装修

（9）单击"布局管理"按钮，进行页面布局，如图 7-1-25 所示。

图 7-1-25　页面布局

（10）为了学习方便，我们将布局进行简化。将鼠标移动到布局块上，出现"关闭"按钮，单击"关闭"按钮，关闭该布局块。将"客服中心"拖曳到"宝贝分类"栏区域之上。简化布局，如图 7-1-26 所示。

图 7-1-26　简化布局

（11）单击"页面编辑"按钮，进行页面编辑，如图 7-1-27 所示。

图 7-1-27　页面编辑

（12）鼠标指向"店铺招牌"区域，单击出现的"编辑"按钮，进行招牌编辑，如图 7-1-28 所示。

图 7-1-28　招牌编辑

（13）取消勾选"是否显示店铺名称"的复选框，单击"选择文件"按钮，在"图片空间"中，选择招牌文件，单击"保存"按钮，店铺招牌装修效果如图 7-1-29 所示。

图 7-1-29　店铺招牌装修效果

（14）鼠标指向"图片轮播"区域，单击出现的"编辑"按钮，打开"图片轮播"页面，如图 7-1-30 所示。

图 7-1-30　"图片轮播"页面

（15）单击图片地址后的图片浏览按钮，添加"图片空间"中的轮播图片，单击"添加"按钮，添加更多轮播图片，如图 7-1-31 和 7-1-32 所示。

图 7-1-31　图片轮播"内容设置"

图 7-1-32　图片轮播"显示设置"

（16）单击"保存"按钮，图片轮播装修完成，如图 7-1-33 所示。

图 7-1-33　图片轮播装修效果

（17）单击"发布"→"确定"→"查看店铺"按钮，查看店铺的装修效果，如图 7-1-34 所示。

图 7-1-34　查看店铺装修效果

（18）用同样的方法，给网店的其他页面进行装修。

除了使用个人制作的模板以外，也可以单击"模板管理"或"装修模板"菜单命令，在选定模板后，用上述方法修改。

  常见问题及解决策略

1. 开店前不知道需要准备哪些材料

自己开设网店前，应准备好以下材料：
（1）未绑定淘宝账号的手机号码；
（2）身份证正反面彩色复印件或者照片，在网站有照片的具体要求；
（3）本人手持身份证正面照，本人上半身照；
（4）进行实名认证，并且身份证信息和银行开户名为同一人的银行卡。

2. 手持身份证照片认证不通过

对身份证照片拍摄，请特别注意以下几点：

（1）身份证正面照要求：证件的头像清晰，身份证号码清楚可辨认；必须和手持中的身份证为同一身份证；要求原图，无修改；

（2）手持身份证照片内的证件文字信息必须完整清晰，否则认证将不通过；

（3）身份证有效期根据身份证背面（国徽面）准确填写，否则认证将不通过；身份证背面有效期不是长期的用户不要选择"长期"，否则审核不通过。

任务二　网店运营

近年，虽然网上商店的数量与日俱增，但许多网店由于经营者缺乏营销意识，使自己的网店昙花一现。网上商店同传统的商店一样，都需要店主精心打理，因此，店主制定既适合自己网店商品，又满足网络环境的经营策略十分必要。

案例 14：在网店中售货

网店有别于传统商店使其营销策略也具有特殊性，但就网络营销理论来讲，仍基于传统营销的 4P（产品、价格、渠道、促销）和 4C（消费者的欲望和需求、消费者获取满足的成本、消费者购买的方便性、企业和消费者的有效沟通）原则，只不过依据网络特点又产生了新的营销方式。

网络营销可以从吸引顾客、建立信任、促成销售三个环节做起。在第一环节中首先要考虑网店商品的"新、奇、特"性质，以此吸引顾客的眼球，然后充分利用网络论坛、友情链接、QQ 群、搜索引擎、博客宣传渠道扩大商品影响，当然若能善用关键字组合作为商品标题肯定会增加商品被检索的机会。消除顾客因网络虚拟性而产生的疑虑或不信任感，是促成顾客下单购买商品的关键环节，可通过网站的真实宣传、加入消费者保护服务项目、确实诚信的服务，逐渐取得消费者信任，随着生意量增多、好评增加，信任度会进一步提升。不同时期网店的促成销售策略不同，在商品导入期内可采用高价快速策略、低价快速策略、选择渗透策略、缓慢渗透策略。在成长期市场需求量较大，营销策略也应做出相应调整。① 集中人力、物力和财力，应对迅速增加或扩大的销售问题；② 改进商品质量、增加特色；③ 细分市场、开拓市场、创造新用户，扩大销售；④ 疏通增加新的流通渠道，扩大产品销售面；⑤ 改变网站的促销重点，从介绍产品转为建立形象，提高网站产品的社会声誉；⑥ 充分利用价格手段，适时让利，获取更多客户资源。在商品衰退期则应以维持、缩减和撤退为重要策略。

小李在成功申请了网店之后，认真研究了网络营销策略，给自己的货品拍了照片，撰写了产品介绍，动用了自己熟知的各种宣传渠道，踌躇满志地开始了网上售货历程。

任务活动

1．教师讲解、演示网店运营管理的操作过程

（1）宝贝发布、与客户沟通、发货、收款。

（2）网店运营过程中可能遇到的问题。

2．学生上机进行网店运营操作练习

（1）练习网店运营涉及的全部操作。

（2）反思操作过程遇到的问题及解决办法。

3．师生讨论网上交易中遇到的问题和解决方法

（1）网店没有生意怎么办？

（2）遇到买家退货怎么处理？

任务操作

1．发布宝贝

（1）登录淘宝网，在"卖家中心"的"宝贝管理"栏目中，单击"发布宝贝"链接，打开"发布宝贝"页面，如图 7-2-1 所示。

图 7-2-1　"发布宝贝"页面

（2）在"类目搜索"输入框中输入"U盘"，单击"快速找到类目"按钮，显示搜索结果，如图 7-2-2 所示。

图 7-2-2　类目搜索结果

（3）在搜索结果中，双击与所发布宝贝最接近的类目，打开"填写宝贝基本信息"页面，如图 7-2-3 所示。

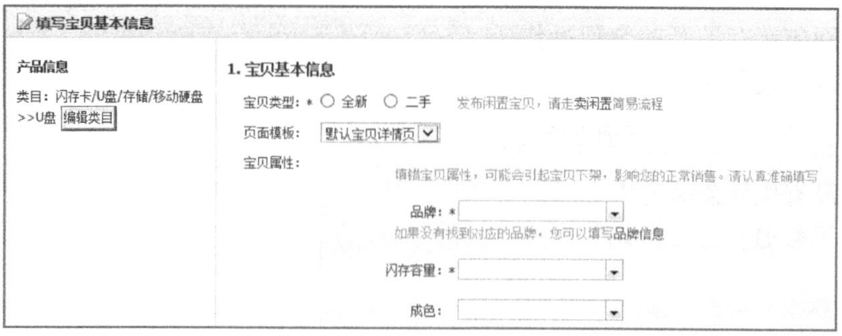

图 7-2-3　宝贝信息编辑

（4）输入宝贝基本信息、宝贝物流及安装服务、售后保障信息、其他信息，单击"发布"按钮，完成宝贝发布。

提示

在宝贝标题、描述等处不能出现虚假宣传或夸大商品效果的信息，请仔细核查。

2．与客户沟通

（1）登录淘宝网，鼠标指向"网站导航"，弹出网站导航栏目，在"更多精彩"栏目中，找到"阿里旺旺"链接，如图 7-2-4 所示。

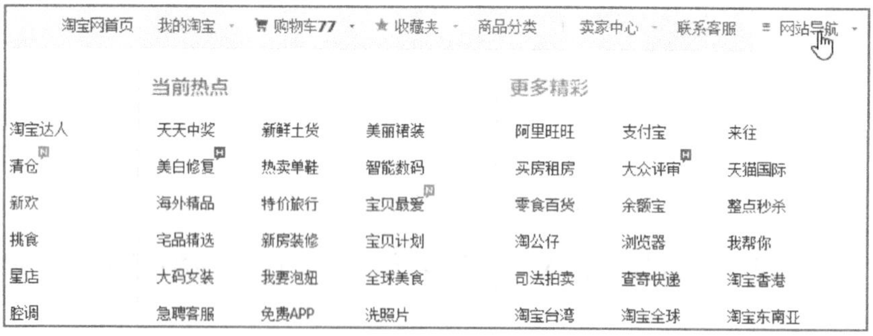

图 7-2-4　网站导航

（2）单击"阿里旺旺"链接，打开"千牛旺旺官网"首页，如图 7-2-5 所示。

图 7-2-5　千牛旺旺官网

(3)单击"卖家用户入口"按钮,打开"千牛工作台"网页,选择电脑版进行下载,如图 7-2-6 所示。

图 7-2-6 "千牛工作台"电脑版下载地址

(4)单击"立即下载"按钮,下载千牛工作台卖家版,并安装该软件。运行"千牛卖家工作台"软件,打开登录界面,如图 7-2-7 所示。

图 7-2-7 千牛工作台登录界面

(5)输入卖家账户、密码,单击"登录"按钮,进入千牛工作台主界面,如图 7-2-8 所示。

图 7-2-8 千牛工作台主界面

(6)若有客户咨询宝贝信息,聊天窗口将弹出,卖家通过聊天窗口能与客户直接沟通,如图 7-2-9 所示。

图 7-2-9 聊天窗口

 提示

安装千牛工作台手机版,既方便与买家沟通,也能利用其特殊功能维护和管理网店。

3. 给客户发货

(1)登录淘宝网,在"卖家中心"的"交易管理"栏目中,单击"已卖出的宝贝"链接,打开已卖出的宝贝清单,如图 7-2-10 所示。

图 7-2-10 已卖出的宝贝交易记录

(2)找到相应交易记录以后,单击"发货"按钮,如图 7-2-11 所示。

图 7-2-11 确认收货、发货、退货信息

（3）在选择物流服务中，选择物流公司，单击"选择"→"确定"按钮，等待物流公司来取货，如图 7-2-12 所示。

图 7-2-12　选择物流公司

（4）当物流公司来取货时，在发货信息中填上运单号码，完成发货过程。

除了在"已卖出的宝贝"中点击发货外，在"卖家中心"的"物流管理"中，点击"发货"链接，也能进行发货操作。

知识链接

1．虚拟物品

虚拟物品是无邮费，无实物性质，可以通过数字或字符发送的商品。如网络游戏点卡、腾讯 QQ 币、移动/联通/电信充值、网游装备/游戏币/账号/代练等。

2．第三方物流

所谓第三方物流（即 TPL），是指生产经营企业为集中精力搞好主业，把原来属于自己处理的物流活动，以合同的形式委托给专业物流服务公司，然后保持密切联系，以达到对物流全程的管理。以合同制委托的物流，都可以视为第三方物流。

第三方物流是通过契约形式来规范物流经营者与物流消费者之间关系，物流经营者根据契约规定的要求，提供多功能、全方位一体化物流服务，并以契约管理所有提供的物流服务活动及其过程。

第三方物流发展联盟也是通过契约的形式，明确各物流联盟参加者之间权利和义务。

 ## 任务拓展：网店推广

随着网购人数越来越多，准入门槛较低的网店吸引了一批又一批的"卖家"，然而，不少怀抱创业热情的卖家在经历多年打拼、挣扎后，选择了放弃，当然也有人创业成功。那么，网店创业有什么秘诀？怎样才能成为一名"大卖家"？

新开的网店，客流量少、订单少是自然现象。怎样增加客流量？怎样提高淘宝排名？怎样提高网店的知名度？怎样售出更多的商品？下面是一些值得网店经营者参考的实用方法：

（1）优惠券策略。一个客户成功订购商品之后，一定要赠送客户一张有时间限制的优惠券。在优惠券有效期限内购买产品，优惠券可以抵充一定的金额，但是过期作废。客户若想获得此优惠，就会在有效期内使用优惠券，或者赠送给他的亲友使用。

（2）数据库营销。定期向客户的推送对客户有价值的信息，同时合理的附带产品促销广告。若只是生硬地向客户推送广告，效果很差，一定要在向客户发送用户喜欢信息的同时合理融入广告。

（3）参加淘宝活动。参加天天特价频道，淘宝促销频道，聚划算，淘金币换好礼，淘宝VIP专区（购优惠），新人有礼专区等活动，能够提高网店排名和交易量。

（4）向身边的人推广。通过身边的亲戚、朋友、同事推广店铺或者介绍网店商品，让更多人成为你网店的宣传者。

（5）利用QQ、微信推广。每个QQ、微信群都有众多好友，利用好友的信任，可以快速推广网络店铺，当然，在你推广商品的同时，应牢记诚信二字。

（6）分享推广。将网店信息分享到QQ空间、微博等地方，吸引好友或其他人关注。

（7）博客推广。每天分享一篇博文（推广博文），让众多网民通过博客看到你的店铺，购买你的商品。

（8）论坛推广。到人群聚集较多的论坛，发言分享你的店铺或者商品，吸引更多的人了解你的网店，知名度扩大了订单才会增长，销售量才会增加。

 常见问题及解决策略

1．不知何时才能收到货款

在淘宝交易中，买家确认收货，订单状态显示"交易成功"后，相关交易款项将立即打到卖家淘宝账户绑定的支付宝账户中。

自卖家发货之日起，在不同的邮递方式下（自动发货商品1天、虚拟物品3天、快递和EMS运输等10天、平邮30天），买家收到货后如果不确认收货也没有申请退款的，系统将会自动打款给卖家。建议卖家及时联系买家了解情况，不但是为了尽快收回货款，多给消费者沟通也是增加信任度的极佳方法。

2．买家收到商品说质量有问题

（1）联系买家并提供实物图片，确认问题是否属实；
（2）核实进货时的商品是否合格；
（3）如果确认商品问题或无法说明商品是否合格，可以直接与买家协商解决（如退货退款、部分退款、换货等），避免与买家之间发生误会，造成声誉损失。
（4）准备商品正规进货凭证，以便后续处理时的申诉。

3．处理买家以没收到货为理由申请退款

（1）联系物流公司确认商品派件情况；

（2）若物流公司已正常派送，向物流公司核实签收者；
（3）如果不是买家本人签收，且没有买家的授权，建议直接退款并联系物流公司协商索赔，尽量避免与买家之间发生误会。
（4）准备有效发货底单、买家本人签收底单或合法授权签收凭证，以证明自己无过错。
（5）若卖家确定已经给买家发货，且买家已收货，可以拒绝买家的退款要求，并在退款详情页面提供相应凭证。

项目小结

本项目以实现网络销售为主要目的，以网上开店和网店运营两个具体任务为过程，希望通过实际训练达到项目设定的基本目标，成为网店大军中的一员。

网店销售的优势在于给企业提供了直接面向消费者的平台，这不仅降低了企业的销售成本，使产品的价格虚高空间最小化，也能使企业利益达到最大化，且突出了产品销售过程的价格优势，强化了销售者和消费者之间的沟通，对扩大商品宣传有益。了解开网店的基本方法和过程，可以增加网络生活知识，也能获得一种谋生的手段。

维护网店高效运行获得较高利润，离不开特殊的营销手段，而扮靓自己的网店，采用有效的营销手段只是基础，诚信经营、利义共存才是网店长久经营的根本。

项目考核

学习任务完成后，可以进行自评、互评和教师点评，形成个人和学习小组任务完成情况总体评价。合作学习评价的内容和要求参见项目一，知识、技能评价的内容和要求如下。

（1）对网上开店的基本了解。

能清楚描述网上开店的流程，理解网店给现代经营模式带来的冲击。

（2）网上开店的熟练程度。

能在淘宝网顺利开设自己的网店，并能对自己的网店进行简单的店铺装修。

（3）对网店运营的基本了解。

了解网店售货的流程，了解网店经营的一些方法和策略。

（4）网店运营的熟练程度。

掌握网店售货的操作流程和方法，能正确完成网店售货。

项目习题

1. 单项选择题

（1）在淘宝开店，遇到什么情况会被查封账户？（　　　）

　　A．只有当该账户的严重违规行为扣分累积到四十八分，才会被查封账户

　　B．只要发生了严重违规行为，就会被查封账户

　　C．只要被买家投诉，就会被查封账户

D．只要违规了，就会被查封账户

（2）在下列游戏产品中，哪个项目是不允许发布的？（　　）

A．游戏账号　　　B．游戏装备　　　C．游戏外挂　　　D．游戏币

（3）除自行约定外，买家付款后卖家要在多长时间内发货？（　　）

A．12小时　　　B．24小时　　　C．48小时　　　D．72小时

（4）买家在店铺里拍下商品并且付款了，在发货前买家又想申请退款，请问买家什么时候可以开始申请退款？（　　）

A．买家不能申请退款，只有卖家去点了发货之后买家才能申请退款

B．买家拍下（未付款）以后就可以申请退款

C．买家付款以后就可以申请退款

D．买家付款后三天内卖家还没点击发货的，买家可以申请退款

2．多项选择题

（1）以下对合格的商品主图描述正确的是：（　　）

A．突出产品　　B．背景简洁明快　　C．适当添加促销语言　　D．必须使用白底

（2）店铺里常见的活动有哪些？（　　）

A．满就送，满就减　　　　　　B．搭配套餐，搭配宝

C．店铺VIP 淘宝VIP　　　　　D．限时折扣，优惠券红包

（3）老客户对店铺的作用是（　　）。

A．提升回头率　　　　　　　　B．提升DSR动态评分

C．提升客单价　　　　　　　　D．提升店铺口碑

（4）产品知识要素包括（　　）。

A．品牌属性　　B．风格人群　　C．特性卖点　　D．品类结构

3．判断题

（1）一个人在淘宝网上只能开一个网店。（　　）

（2）阿里旺旺聊天记录可以作为处理交易纠纷的证据。（　　）

（3）物流因素不受商家控制，所以商家无法避免商品的物流纠纷。（　　）

（4）优惠券可以用在刺激消费和维护老客户上。（　　）

（5）对于半夜拍下未付款的顾客，应该第二天一上班就马上催单。（　　）

4．简答题

（1）简述淘宝开店流程。

（2）淘宝店铺主要有哪些页面组成？

（3）什么是消保保证金？

（4）简述网店销售货物的流程。

（5）遇到买家要求退货怎么办？

5．实训题

（1）在淘宝网（或京东、阿里巴巴）办理开店手续。

（2）给网店进行简单装修。

项目八 网络防毒

目前，开放性的互联网已经成为计算机病毒广泛传播的有利环境，通过网络传播计算机病毒不但速度快、影响面广，危害性也更大。因此，全面了解计算机网络病毒，熟练掌握计算机网络病毒检测与清除技术，并构建有效的网络防毒体系，是保障计算机网络系统安全的重要内容。

项目目标

- 了解网络病毒的基本概念。
- 会熟练使用杀毒软件清除网络病毒。
- 了解木马对网络应用造成的危害。
- 会熟练使用木马查杀软件清除木马。
- 能够有效防范病毒和木马的入侵。

任务一 防范病毒

在《中华人民共和国计算机信息系统安全保护条例》中，计算机病毒被定义为"编制或者在计算机程序中插入的破坏计算机功能或者破坏数据，影响计算机使用并且能够自我复制的一组计算机指令或者程序代码"。计算机网络病毒是一个广义的概念，只要是利用网络进行传播、破坏的计算机病毒都可以被称为计算机网络病毒。

案例15：熊猫烧香病毒

2006年12月至2007年年初，短短两个多月的时间，一个名为"熊猫烧香"的病毒不断入侵个人电脑、感染门户网站、击溃数据系统，给用户带来无法估量的损失，被《2006年度中国大陆地区电脑病毒疫情和互联网安全报告》评为"毒王"。据统计，全国有上百万台计算机遭受感染，数以千计的企业受到侵害……"熊猫烧香"病毒以窃取用户游戏账号、QQ币、游戏装备为目的，同时会引起用户计算机系统故障，丢失重要的文档资料。

2007年2月12日湖北省公安厅宣布，根据统一部署，湖北网监在浙江、山东、广西、天津、广东、四川、江西、云南、新疆、河南等地公安机关的配合下，一举侦破了制作传播"熊猫烧香"病毒案，号称2006年度互联网"毒王"的"熊猫烧香"病毒始作俑者李某在湖北落入法网。李某于2006年10月16日编写了"熊猫烧香"病毒并在网上广泛传播，以自己出售和由他人代卖的方式，在网络上将该病毒销售给120余人，非法获利10万余元。

与此案有关一并落网的其他重要犯罪嫌疑人雷某、王某、叶某、张某、王某，通过改写、传播"熊猫烧香"等病毒，构建"僵尸网络"，盗窃各种游戏账号等非法牟利。

2007年9月24日，"熊猫烧香"案一审宣判，主犯李某被判刑4年。"熊猫"终于停止了"烧香"，但它带给人们的启示却远未终结……

另外，2007年1月30日，江民科技反病毒中心监测到，肆虐互联网的"熊猫烧香"又出新变种。此次变种把"熊猫烧香"图案变成"金猪报喜"。

2013年6月14日"丽水发布"官方微博消息称，"熊猫烧香"病毒制造者张某、李某在浙江丽水设立网络赌场，敛财数百万元，已被当地检察机关批捕。

任务活动

1. 教师展示网络病毒危害案例，讲解网络病毒涉及的专业术语和知识

（1）计算机病毒、网络病毒和手机病毒的基本概念。
（2）网络病毒的作用机制。

2. 网络病毒危害案例收集

学生自主分组并充分利用网络资源进行病毒危害案例的收集，小组活动结束后应形成以下成果：

（1）收集到若干个网络病毒危害的真实案例。
（2）一份简单的网络病毒危害案例分析报告。
（3）简短的小组活动总结。

3. 网络病毒危害案例讨论

根据对教材展示案例和自己收集案例的讨论结果，分组发言表达各组对网络病毒危害的看法，最终形成对网络病毒危害问题较为统一的认识。讨论可以围绕以下问题展开：

（1）网络病毒和手机病毒有什么异同？
（2）如何看待网络病毒的危害？
（3）手机病毒呈高发事态说明了什么？
（4）网络攻击为什么也和病毒有关？

任务操作

目前网上有许多免费的查杀病毒软件供用户使用，正确使用查杀病毒软件可以有效防范网络病毒的危害。使用查杀病毒软件防范病毒需要掌握安装查杀病毒软件、开启各种防护功能和查杀本机病毒等操作。

1. 下载、安装瑞星杀毒软件

"瑞星杀毒软件 V16+"可以从瑞星官方网站的首页上下载，下载和安装的具体操作如下。

（1）打开浏览器，输入网址：http://www.ruising.com.cn，进入瑞星官方网站的首页，单击"瑞星杀毒软件 V16+"，显示如图 8-1-1 所示页面。

（2）单击"免费下载"按钮，可将"瑞星杀毒软件 V16+"安装文件下载至本地硬盘，瑞星公司允许用户免费使用杀毒软件。

（3）下载好安装文件后，双击安装文件图标，启动"瑞星杀毒软件 V16+"自动安装程序，如图 8-1-2 所示。

图 8-1-1　瑞星官方网站首页

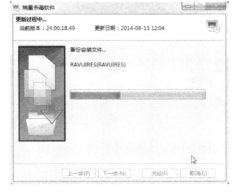

图 8-1-2　瑞星杀毒软件安装向导

（4）按照程序安装向导提示逐步操作，可完成杀毒软件的安装。

2. 查杀计算机病毒

"瑞星杀毒软件 V16+"为用户提供了强大的病毒查杀功能，正确使用可以很好遏制病毒的传染和破坏。使用瑞星杀毒软件查杀计算机病毒的操作过程如下。

（1）启动瑞星杀毒软件后，在"瑞星杀毒软件 V16+"主界面的"杀毒"选项卡中，有 3 个病毒查杀按钮，单击"快速杀毒"按钮，即可对"快速查杀"设置内容进行扫描，操作如图 8-1-3 所示。

图 8-1-3　瑞星杀毒软件 V16+"病毒查杀"杀毒界面

（2）单击"全盘查杀"按钮，即可对所有内容进行全面查杀。

（3）单击"自定义查杀"按钮，打开"选择查杀目标"操作界面，如图 8-1-4 所示。选择需要查杀的对象，单击"确定"按钮，瑞星杀毒软件开始针对选定对象查杀计算机病毒。

（4）查杀结束后，瑞星杀毒软件显示查杀结果，如图 8-1-5 所示。

图 8-1-4　选择查杀目标　　　　　　图 8-1-5　瑞星杀毒软件完成杀毒后的提示

3. 使用瑞星杀毒软件进行病毒防护

瑞星杀毒软件不仅具有病毒查杀功能，还有很强的系统防护功能，有效利用瑞星杀毒软件的防护功能可以更好地保护系统安全。防御功能的具体设置操作如下。

（1）单击"瑞星杀毒软件 V16+"主界面的"电脑防护"选项卡，进入"电脑防护"设置界面，如图 8-1-6 所示。

图 8-1-6　瑞星杀毒软件 V16+"电脑防护"设置界面

（2）单击"U 盘防护"项的"已关闭"按钮，可开启"U 盘防护"功能，此时，"已关闭"按钮变为"已开启"按钮。

（3）单击"全部开启"按钮，将开启所有防护功能。

知识链接

1. 计算机病毒的定义

对于"病毒"人们并不陌生,猖獗一时的"SARS"病毒、"H5N1 高致病性禽流感"病毒和肆虐非洲的"埃博拉"病毒,都给人类社会带来了严重的灾难,那么,计算机病毒又是什么性质的病毒呢?

与生物病毒不同,计算机病毒是人为的产物,是某些别有用心的人利用计算机软、硬件所固有的脆弱性而编制的具有特殊功能的程序。由于这种程序与生物医学上的"病毒"具有同样的传染和破坏特性,所以人们就把这种具有自我复制和破坏机理的程序称为计算机病毒。

不同国家、不同专家从不同的角度给计算机病毒下的定义也不尽相同,但都是围绕着传染和破坏这两种特性来分析、认定计算机病毒。我国在 1994 年 2 月 18 日,正式颁布了《中华人民共和国计算机信息系统安全保护条例》,在《条例》第二十八条中明确指出:"计算机病毒,是指编制或者在计算机程序中插入的破坏计算机功能或者毁坏数据,影响计算机使用,并能自我复制的一组计算机指令或者程序代码",应该说此定义在中国具有法律意义。

计算机病毒是程序,但不一定是完整的程序,具备计算机病毒特征的一组指令或代码就是计算机病毒。计算机病毒的本质特征是主动传染性,这一特征使计算机病毒的危害范围和危害性成倍增加。

2. 网络病毒的基本工作原理

网络病毒常驻于一台或多台计算机的内存中,并有自动重新定位的能力。它会自动检测与其联网的计算机是否染毒,并把自身的一个拷贝(一个程序段)发送给那些未染毒的计算机。

网络病毒通常由两部分组成:主程序和引导程序。

网络病毒扩散的一般工作过程为:驻留在感染病毒计算机中的病毒主程序,通过读取公共配置文件,收集与之联网的其他计算机信息,寻找其他计算机系统的漏洞或缺陷,并尝试利用计算机系统存在的缺陷在远程机器上建立其引导程序。引导程序把网络病毒植入远程计算机,达到传染病毒的目的。网络病毒也可以使用存储在染毒计算机上的邮件客户端地址簿中的地址传播引导程序,进而传播病毒。

3. 网络病毒的特点

网络病毒除了具有一般病毒的传染性、破坏性、隐藏性、顽固性等特点外,还具有以下特点。

(1)利用操作系统和应用程序的漏洞主动进行攻击。

此类病毒有"红色代码"和"尼姆达"等,至今依然肆虐的"求职信"病毒也属此类。由于 IE 浏览器存在漏洞,所以感染了"尼姆达"和"罗密欧与朱丽叶"等病毒的邮件,在不打开附件的情况下也能激活病毒。此前,很多防病毒专家一直认为,带有病毒附件的邮件,只要不去打开附件,病毒不会有危害。"红色代码"是利用微软 IIS 服务器软件漏洞(远程缓存区溢出)进行传播的病毒,SQL 蠕虫王病毒则是利用微软数据库系统的一个漏洞进行大肆攻击的病毒。

(2)传播方式多样。

借助多种传播方式,可以实现快速扩散病毒的目的。"尼姆达"病毒和"求职信"病毒的传播途径就包括利用文件、电子邮件、Web 服务器、网络共享等多种方式。

(3)传染速度快。

计算机网络病毒普遍具有较强的再生机制,在网络中则可通过网络通信机制,借助高速电缆进行迅速扩散。

由于病毒在网络中传染速度非常快,使其扩散范围很大,不但能迅速传染局域网内所有计算机,还能通过远程工作站将病毒在一瞬间传播到千里之外。

(4)破坏性强。

网络上病毒将直接影响网络的工作,轻则降低速度,影响工作效率,重则造成网络系统的瘫痪,破坏服务器系统资源,使多年的工作毁于一旦。

(5)制作技术更为先进。

网络病毒的制作技术与传统病毒不同,许多网络病毒是使用最新的编程语言与编程技术编制而成,不但易于修改,也会自动生成新的病毒变种,从而逃避反病毒软件的搜索。网络病毒借助于Java、ActiveX、VBScript等技术,可以潜伏在HTML页面里,在用户正常上网浏览信息时触发病毒。

(6)与黑客技术相结合。

与黑客技术结合的结果,使网络病毒潜在的威胁和损失更大。以"红色代码"为例,在感染病毒后的机器中,Web目录下的\scripts将生成可执行文件root.exe,利用它可以远程执行任何命令,黑客也能够轻而易举地进入该系统。

任务拓展:防范手机病毒

手机病毒是一种具有传染性、破坏性的手机程序,主要通过短信、彩信、电子邮件、浏览网站、下载信息、蓝牙等途径传播,感染病毒会导致手机死机、关机、个人资料被删、向外发送邮件泄露个人信息、自动拨打电话、发短(彩)信等,也有恶意扣费、损毁SIM卡和芯片等硬件的病毒。

2014年8月,一款名为"XX神奇"的病毒通过手机短信快速传播,主要感染安卓操作系统类手机。用户一旦单击病毒短信网址链接,将会感染病毒。病毒程序将获取手机内的所有联系人,并群发含有恶意网址链接的病毒短信,造成严重的个人隐私泄露和手机资费消耗。防范手机病毒危害一般包括防范病毒入侵、及时发现病毒和清除病毒三个方面。

(1)防范病毒入侵。

在使用手机的过程中注意做好以下几方面的工作,可降低病毒入侵的可能。

① 给手机安装查杀病毒软件,并开启防护功能,定期查杀病毒;
② 不接收陌生号码发送的信息或链接,发现后立即删除;
③ 不下载安装来历不明的软件;
④ 使用内存卡交换数据时注意查毒;
⑤ 隐藏或关闭蓝牙功能。

(2)发现病毒

当手机出现以下情况时,很可能已经感染了病毒。

① 手机上网流量异常增加;
② 手机话费无故减少;
③ 自己不知情却订购某种业务;

④ 自动拨打别人的手机。

（3）清除病毒

怀疑手机感染病毒时必须进行病毒查杀，及时清除病毒可减轻危害。彻底清除病毒有以下两种方法。

① 使用查杀病毒软件全盘查杀病毒；
② 重新安装手机操作系统（刷机）。

 常见问题及解决策略

1. 用有的杀毒软件查杀时报告没有病毒，而用另一种查杀时报告有病毒

每一种查杀病毒软件的功能和作用有差别，但准确发现病毒的基本机理相近，即都是依据病毒库中的病毒特征代码报告病毒的。对于病毒库中不存在特征代码的病毒，杀毒软件是不会报告病毒的。由于病毒库更新滞后于病毒，病毒库中也就不可能囊括所有出现过的病毒。不同杀毒软件的病毒库收录的病毒特征代码的种类、数量不同，所以才会出现报告情况的差异。这也从一个侧面提示我们，采用多版本交叉杀毒是防范病毒的最好选择。

有些杀毒软件宣称具有查杀未知病毒的功能，这通常是用一定算法判断某一行为或代码可能为病毒，但绝不意味着一定是病毒，千万不要在报告未知病毒后一删了之。

2. 为什么杀毒软件要经常性升级

杀毒软件的升级内容一般有两项，一是升级杀毒软件的功能，二是升级病毒库。前者是扩充杀毒软件的功能，后者是增加查杀病毒的种类。经常性的升级通常是指病毒库的升级，只有经常不断升级病毒库，才能保证杀毒软件精准查杀新出现的病毒。

任务二　防范木马

"木马"的全名为"特洛伊木马"，英文叫做"Trojan Horse"，是一种基于客户端/服务器端（C/S）结构的远程控制程序，其名称取自希腊神话的特洛伊木马记。有人认为木马是病毒的一种特殊形式，应该归类于网络病毒，确实它的许多特性跟病毒相同或接近，归为同类不无道理。但是，在网络应用环境中木马的威胁逐渐上升，加之清除难度较大，木马已经成为严重影响正常网络应用的难题。因此，有必要专门讨论如何防治木马，以争取最大限度减小木马的危害。

案例 16：江苏扬州的"伯乐木马"案

2008 年 4 月初，网民小秋玩电脑游戏时，屏幕上突然跳出一个窗口，称单击下载该程序后，可以提高游戏运行速度，小秋丝毫没有犹豫就单击了下载。十分钟左右，许多莫名其妙网站陆续弹出，且无法关掉，小秋估计可能是计算机中毒了，随即关闭电脑。可当他再次打开自己的游戏账号时，意外发生了。身上的装备全都蒸发了，一把价值 8000 元的"刀"也没了踪影。小秋认为这是别人采取了非法手段盗取了自己的游戏装备，便立即报警。

扬州市公安局网警支队接报后，分析了已经接报的十几起游戏装备被盗案，警方判断，这很可能是一种叫"伯乐"的木马病毒所为。警方随即展开调查，通过对数万信息的筛选、研判，一个自称该款病毒制造者的人进入警方视线，他的网名叫"伯乐"。

7月8日，经过前期的取证和调查后，警方在扬州火车站候车大厅将犯罪嫌疑人"伯乐"抓获。据"伯乐"交代，木马程序的制作、销售由一个分工明确的组织操作，而他仅仅负责网上销售，所有的病毒程序都是一个叫"大哥"的男子提供的，由于只是网上交易，"大哥"姓什么、长什么样子一概不知。

警方查看了"伯乐"和"大哥"的交谈记录后发现，"大哥"来自浙江台州，且未察觉到"伯乐"已经落入警方之手。7月9日，在掌握了"大哥"的基本信息后，警方在台州某小区内将"大哥"抓获归案。然而警方在对"大哥"的审讯中获悉，"大哥"并不是该木马的编写者。根据"大哥"交代，"伯乐"木马的编写者另有其人，名叫吉某。

2008年7月14日，经过4个多月的缜密侦查，盛名一时的"伯乐"木马病毒编写者吉某在深圳被扬州警方抓获，这也是国内首位被抓的木马病毒制造者。随后警方又马不停蹄地在北京、广州等地，先后抓获涉案嫌疑人20多名，缴获赃款200多万元。至此，制作、传播"伯乐木马"的主要成员全部落网。

任务活动

1. 教师展示木马危害案例，讲解木马涉及的专业术语和知识

（1）病毒和木马的异同。
（2）木马的传染、触发机制。

2. 木马危害案例收集

学生自主分组并充分利用网络资源进行木马危害案例的收集，小组活动结束后应形成以下成果：

（1）收集到若干个木马危害的真实案例。
（2）一份简单的木马危害案例分析报告。
（3）简短的小组活动总结。

3. 木马危害案例讨论

根据对教材展示案例和自己收集案例的讨论结果，分组发言表达各组对木马危害的看法，最终形成对木马危害问题较为统一的认识。讨论可以围绕以下问题展开：

（1）为什么会有木马病毒的说法？
（2）木马和病毒的主要差别是什么？
（3）种植木马的主要目的是什么？由此可以推断哪些人在传播木马？
（4）防范木马的主要措施是什么？

任务操作

与防范病毒类似，使用专门的工具可以查杀木马和防止木马入侵，360安全卫士提供有木马查杀工具，瑞星的防火墙也具有防范木马入侵功能。以下是使用这两种工具进行木马防范的基本操作。

1. 下载、安装360安全卫士

360安全卫士可以从360安全卫士官方网站下载，并安装到本地计算机上。具体操作过程

如下。

(1) 打开浏览器，输入网址：http://www.360.cn，打开"360 安全中心"首页，如图 8-2-1 所示。

图 8-2-1　"360 安全中心"首页

(2) 单击"免费下载"按钮下方的"离线安装包"超链接，下载 360 安全卫士正式版，并保存至本地硬盘。

(3) 下载完成后，双击安装程序即可启动 360 安全卫士安装向导，如图 8-2-2 所示。

(4) 选中"已阅读并同意"复选框，选择安装路径，单击"立即安装"按钮，系统自动安装"360 安全卫士"，如图 8-2-3 所示。

图 8-2-2　360 安全卫士安装向导

图 8-2-3　自动安装

2．清除木马操作

使用 360 安全卫士可以有效清除计算机中存在的木马程序，具体操作如下。

(1) 双击桌面"360 安全卫士"快捷图标，启动 360 安全卫士，启动后的操作界面如图 8-2-4 所示。

(2) 单击"查杀木马"按钮，进入木马查杀操作界面，如图 8-2-5 所示。

(3) 单击"全盘扫描"，即可开始对全部文件进行木马查杀，查杀进度显示如图 8-2-6 所示。

图 8-2-4 "360 安全卫士"操作界面

图 8-2-5 木马查杀操作界面

图 8-2-6 木马查杀过程

项目八 网络防毒

360 安全卫士提供有 3 种木马扫描方式。

快速扫描木马：此方式仅扫描系统内存、启动对象等关键位置，由于扫描范围小，速度较快。

自定义扫描木马：由用户自己指定需要扫描的范围，此方式特别适用于扫描 U 盘等移动存储设备。

全盘扫描木马：此方式扫描系统内存、启动对象及全部磁盘，由于扫描范围广，速度较慢。由于木马可能会存在于系统的任何位置，用户在第一次使用 360 安全卫士或者已经确定系统中了木马的情况下，需要采取此种方式。

（4）扫描完成，显示使用 360 查杀木马的结果，如图 8-2-7 所示。如发现计算机中存在木马，单击"立即处理"按钮，删除硬盘中的木马。

图 8-2-7 木马查杀结果显示

3. 使用软件防火墙防范木马入侵

瑞星防火墙软件具有多种防护功能，可以有效拦截钓鱼网站、木马网页、网络入侵和恶意下载。使用瑞星防火墙防范木马等危害的基本设置操作如下。

（1）双击桌面"瑞星防火墙"快捷图标，启动瑞星防火墙软件，操作界面如图 8-2-8 所示。

图 8-2-8 "瑞星个人防火墙"操作界面

139

（2）单击"网络安全"按钮，显示全部安全防护选项，开启全部防护功能，如图 8-2-9 所示。

图 8-2-9　开启全部安全防护功能

（3）单击"防火墙规则"按钮，打开"防火墙规则"设置界面，根据需要选择"放行"或"阻止"某一程序，防止木马借助正常程序侵入系统，如图 8-2-10 所示。

图 8-2-10　"防火墙规则"设置

知识链接

1. 计算机木马的基本组成

通常情况下，一个完整的计算机木马系统由硬件部分、软件部分组成。

（1）硬件部分——建立木马连接所必须的硬件实体。

计算机木马系统的硬件部分由以下 3 部分组成：

控制端（客户端）：对服务端进行远程控制的计算机，通俗地说，就是黑客使用的计算机。

服务端：被控制端远程控制的计算机，是通过某种途径被安装了木马服务程序的目标计算机，通俗地说，就是被黑客控制的计算机。

网络：控制端对服务端进行远程控制，实现数据传输的载体。可以是局域网，也可以是像互联网之类的广域网，多数是通过互联网实施木马行为。一般对具体的连接方式没有限制，只要存在通道即可。

（2）软件部分——实现远程控制所必需的软件程序。

与硬件部分相对应，软件部分同样由 3 部分组成。

控制端程序（客户端程序）：控制端用来远程控制服务端的程序，也是安装在控制端供黑客使用的程序。

服务端程序：潜入服务端内部，获取其操作权限的程序，也是安装在服务端的程序——木马。

配置程序：可以设置控制端、服务端的 IP 地址，控制端、服务端的端口号，服务端程序的触发条件，服务端程序名称等。设置服务端程序名称可以使服务端程序隐藏得更加隐蔽。

2．计算机木马的基本种类

自计算机木马程序诞生至今，已经出现了多种类型的木马，且大多数木马都不是单一功能的木马。若仅以单一功能为标准，计算机木马可以进行以下分类。

（1）远程控制木马。

远程控制木马是数量最多，危害最大，同时也是知名度最高的一种木马。它可以让攻击者完全控制被感染的计算机，进而利用被控制机完成一些甚至连计算机主人本身都不能顺利进行的操作，其危害之大实在不容小觑。由于要达到远程控制的目的，该种类的木马往往集成了其他种类木马的功能，使其在被感染的机器上为所欲为，可以任意访问文件，得到机主的私人信息甚至是信用卡、银行账号等至关重要的信息。

"冰河信使"就是一个远程访问型木马。这类木马用起来非常简单，只需运行服务端程序并且得到服务端的 IP 地址，黑客就能访问到服务端，进行危害活动。

（2）账户发送木马。

在信息安全日益重要的今天，用户账户无疑是信息应用最重要的信息。一般的账户包括用户名和密码，不管是计算机账户、网银账户还是网络游戏账户，都是如此。账户发送型的木马，是专门为了盗取被感染计算机可能存在的账户而编写的。木马一旦被执行，就会自动搜索内存、Cache、临时文件夹以及各种敏感文件，一旦搜索到有用的账户，木马就会利用免费的电子邮件服务将账户信息发送到指定的邮箱，从而达到获取别人私密信息的目的。

（3）键盘记录木马。

这种木马的工作方式非常简单，它只做一件事情，就是记录服务端的键盘敲击情况，并且在记录文件里查找密码。这种特洛伊木马随 Windows 启动而启动，它们有在线和离线记录这样的选项，分别用于记录在线和离线状态下敲击键盘的按键情况。木马获取需要的信息后，通过邮件发送给种植木马者。

（4）破坏性质的木马。

这种木马唯一的功能就是破坏被感染计算机的文件系统，使受害者遭受系统崩溃或者重要数据丢失的巨大损失。从这一点上来看，它和病毒很相像，但是木马的激活方式较为特殊，是由攻击者控制激活。

（5）DoS 攻击木马。

随着 DoS（拒绝服务攻击）越来越广泛应用，被用作 DoS 攻击的木马也越来越流行。一般来说，DoS 攻击需要大量计算机在同一时刻发起攻击，所以当黑客入侵了一台计算机，并种上

DoS 攻击木马后，这台计算机就成为黑客实施 DoS 攻击的最得力助手。黑客控制的服务端机器（一般被称为"肉鸡"）数量越多，发动 DoS 攻击取得成功的机率就越大。因此，这种木马的危害不仅体现在被感染的计算机上，也体现在攻击者可以利用它来攻击网络，给网络造成很大的危害和损失上。

（6）代理木马。

黑客在入侵的同时需要掩盖自己的足迹，谨防被别人发现，因此，给被控制的"肉鸡"种上代理木马，让其变成攻击者发动攻击的跳板是代理木马最重要的任务。通过代理木马，攻击者可以在匿名的情况下使用 Telnet、ICQ、IRC 等程序，从而隐蔽自己的踪迹。

（7）反杀毒软件木马。

虽然木马的种类很多，但要发挥作用，还要骗过防木马软件才行。常见的防木马软件有 Zone Alarm、Norton Anti-Virus、360 安全卫士等，这类软件有专门对付木马的功能。因此，反杀毒软件木马的功能就是关闭对方机器上运行的这类程序，让其他的木马更好地发挥作用。

（8）反弹端口型木马。

一般的防火墙都具有对接收的数据进行非常严格的过滤，对于发送的数据却疏于防范的特性。因此，木马使用反弹端口技术即在服务端使用主动端口，控制端使用被动端口。服务端定时监测控制端的存在，发现控制端上线，立即主动连接控制端，对于防火墙来说，服务端与控制端的数据传输就是从本机向外发送数据。为了隐蔽起见，控制端的被动端口一般开在 80。这样，即使用户使用端口扫描软件检查自己的端口，一般也不会发现异常问题。因为 80 端口为 HTTP 开放，供用户浏览网页使用。

（9）FTP 木马。

这种木马可能是最简单和古老的木马了，它的唯一功能就是打开 21 端口，等待用户连接。现在新 FTP 木马还加上了密码功能，只有攻击者本人才知道正确的密码，因而无法被种马者之外的人使用。

3. 传播木马

在人们认识计算机木马的危害性后，传播计算机木马就需要特殊的隐藏技术，因此，木马借助大量的伪装手段实施扩散。

（1）传播方式。

木马的传播方式主要有两种：一种是通过电子邮件，将服务端程序以附件的形式从邮件中发送出去，收信人只要打开附件，系统就会感染木马；另一种是透过软件下载，即以提供软件下载为名，将木马捆绑在软件安装程序上传播木马。下载了带木马的程序后，只要运行这些程序，木马就会自动安装。

（2）伪装方式。

由于木马的危害性很大，大多数用户对木马知识也有一定了解，使木马传播受到极大阻碍。因此，木马设计者使用各种方式伪装木马，以达到降低用户警觉，欺骗用户的目的。

① 修改图标。

有的木马为了达到欺骗用户的目的，将木马服务端程序的图标改成 Word、TXT、RAR 等各种常见的文件类型的图标。对普通用户来说，鉴别这些附件有一定的困难。

② 捆绑文件。

这种伪装手段是将木马捆绑到一个安装程序或者其他类型的文件上，当这些程序或者文件运行时，木马会随之运行，在用户毫无察觉的情况下，木马已经进入系统。被捆绑的文件一般是可执行文件（即后缀名为 EXE、COM 的文件）。

③ 出错显示。

在通常情况下，如果对某一个文件或程序进行双击的操作，会打开文件或执行程序。如果操作后没有任何反应，那么就有可能是伪装的木马。木马的设计者也意识到了这个缺陷，所以有的木马提供了出错显示的功能。当服务端用户打开伪装后的木马程序时，会弹出一个错误提示框（这当然是假的），错误内容信息可自由定义，大多会显示一些诸如"文件已破坏，无法打开！"之类的信息。当服务端用户信以为真时，木马可能已经侵入了系统。

④ 定制端口。

很多老式木马的服务端口是固定的，这给判断是否感染木马带来了方便，只要查一下特定的端口就知道感染了什么木马，所以现在很多新式的木马都加入了定制端口的功能，控制端用户可以在 1024～65535 之间任选一个端口作为木马端口（一般不选 1024 以下的端口），这给判断感染木马类型带来了麻烦。

⑤ 自我销毁。

当服务端用户打开含有木马的文件后，木马会将自己拷贝到 Windows 的系统文件夹中（C:\Windows 或 C:\Windows\System 目录下），一般来说原木马文件和系统文件夹中木马文件的大小是一样的（捆绑文件的木马除外），那么中了木马的用户只要在收到的信件和下载的软件中找到原木马文件，然后根据原木马的大小去系统文件夹中寻找相同大小的文件，然后判断哪个是木马就行了。而木马的自我销毁功能是指木马在服务端自动拷贝之后，原木马文件自动销毁，这样服务端用户就很难找到木马的来源，若没有查杀木马的工具帮助，很难删除木马。

⑥ 木马更名。

木马也是一种文件，安装到系统中的木马也必定会有一个文件名，而这个文件名一般是固定的。在信息交流如此发达的今天，用户可以通过网络或者利用其他方法，按照文件名来查找此木马的信息，从而判断木马类型和选择查杀方法。但现在几乎所有的木马都允许控制端用户自由定制安装后的木马文件名，可以把木马名称改为和某个系统文件很相似的名称，如改为"Exp1orer.exe"（不是系统文件"Explorer.exe"）。这样，就加大了人为判断系统是否感染木马的难度。

任务拓展：手工清除"冰河"木马

"冰河"是较为出名的木马，目前许多杀毒软件可以查杀冰河木马，但仍有众多感染"冰河"的计算机存在。在此，以"冰河"木马为例介绍手工查杀，借以说明手工查杀木马的方法和过程，不同木马的驻留、隐身、激活方法有差异，所以想采用手工方式彻底清除木马，必须对木马有非常清楚的了解。

"冰河"服务端程序为 G_server.exe，客户端程序为 G_client.exe，默认连接端口为 7626。运行 G_server 后，在 C:\Windows\System 目录下生成 Kernel32.exe 和 sysexplr.exe，然后删除自身。Kernel32.exe 在系统启动时自动加载运行，而 sysexplr.exe 和 TXT 文件关联。在 Kernel32.exe 删除后，只要打开 TXT 文件，将激活 sysexplr.exe，它再次生成 Kernel32.exe。清除冰河木马的操作为：

（1）删除 C:\Windows\system 中的 Kernel32.exe 和 sysexplr.exe 文件。

（2）删除 HKEY_LOCAL_MACHINE\Software\Microsoft\Windows\CurrentVersion\Run 中键值为 C:\Windows\System\Kernel32.exe 的项。

（3）删除 HKEY_LOCAL_MACHINE\Software\Microsoft\Windows\CurrentVersion\Runservices 中键值为 C:\Windows\System\Kernel32.exe 的项。

（4）将注册表 HKEY_CLASSES_ROOT\txtfile\shell\open\command 中的默认值由中木马后的 C:\windows\system\sysexplor.exe %1 改为 C:\windows\notepad.exe %1，恢复 TXT 文件关联功能。

常见问题及解决策略

1. 使用通用木马查杀软件清除不掉木马

有许多种木马很难使用通用木马查杀软件清除干净，若遇到这种情况只有三种解决方法。一是使用针对该木马的专杀工具，二是手工清除木马，三是格式化硬盘重新安装系统。若是知道自己的计算机被植入了何种木马，上网寻找该木马的专杀工具查杀木马是最佳选择，在一些杀毒软件厂商的官网上提供有特殊木马的专杀工具。手工清除木马需要了解木马的隐身位置、捆绑手段等，否则也很难全部彻底清除木马。在无计可施的情况下，只有格式化硬盘、重装系统，此举清除了计算机保存的所有信息，当然也会包括其中的木马。

2. 计算机提示 U 盘有木马病毒，选择清除，结果使用中的文件也丢失了

当系统提示你使用的 U 盘被植入了木马时（查杀软件误报除外），应谨慎对待，不能一删了之。首先应该判断感染了什么木马，若木马捆绑或附着在有用的文件上，应断开网络连接、备份重要文件，然后选择清除木马。因为查杀木马可能删除使用中的重要文件，所以查杀工具通常先将清除的对象放置在隔离区，使其不能激活危害系统。在确定文件不能随木马一起删除时，可从隔离区恢复文件，恢复的内容当然也会包含删除的木马。

项目小结

计算机病毒是指编制或者在计算机程序中插入的破坏计算机功能或者毁坏数据，影响计算机使用，并能自我复制的一组计算机指令或者程序代码。计算机病毒的本质特征是主动传染性，这一特征使计算机病毒的危害范围和危害性成倍增加。计算机感染病毒后，会有许多异常表现，用户只要留心是能够发现问题并最终查出计算机病毒的。

防范计算机网络病毒，是指通过建立合理的计算机病毒防范体系和制度，及时发现计算机病毒侵入，并采取有效的手段阻止计算机病毒的传播和破坏，尽快恢复受影响的计算机系统和数据信息。防范计算机网络病毒可以从两方面入手：一是依靠管理上的措施，及早发现病毒疫情，捕捉、清除计算机病毒，修复系统；二是选用功能完善、具有超前防御能力的反病毒软件，尽可能多地堵住被计算机病毒利用的系统漏洞。

目前国内用户使用的主流反病毒软件有瑞星、江民、金山、诺顿等多个品牌。它们各有所长，而且都有自己特殊的技术作为产品支持，基本能够满足用户的应用需求。在条件允许或重要环境中，应准备多种反病毒软件，交叉查杀病毒，确保查杀操作的可靠性。熟练掌握反病毒软件的设置对用户高效查杀病毒会有极大的帮助作用。

计算机木马是一种危害极大的不良软件，它可以伪装自身并通过各种途径进入用户计算机系统，在取得用户计算机的控制权后，可以窃取用户的各种账户信息甚至破坏用户的计算机系统。

掌握计算机木马的工作原理，在此基础上清除计算机木马，并做好各项预防计算机木马危害的工作，对保护用户计算机系统安全、降低木马造成的危害，都具有积极作用。

项目考核

学习任务完成后，可以进行自评、互评和教师点评，形成个人和学习小组任务完成情况总体评价。合作学习评价的内容和要求参见项目一，知识、技能评价的内容和要求如下。

（1）对病毒危害的认识。

要求了解病毒的发展史和病毒的工作机制，并能够举例说明病毒的危害性。

（2）使用杀毒软件查杀病毒。

能够正确设置杀毒软件，并能熟练使用两种以上的杀毒软件查杀计算机病毒。

（3）防范病毒入侵。

了解管理和技术防范病毒入侵的各项措施，并能清楚说明个人计算机需要采取的防毒措施。

（4）对木马概念的理解。

了解木马的基本组成和隐藏、传播方法，并能举例说明当前危害最严重的木马类型。

（5）会使用专门工具清除木马。

能够熟练使用 360 等工具查杀计算机中的木马。

（6）能有效防范木马入侵自己的计算机。

了解防范木马入侵的基本措施，会设置瑞星防火墙，会修复系统漏洞，能够制订全面的防范木马工作方案。

项目习题

1．单项选择题

（1）网络病毒与生物病毒最重要区别是（　　）。

　　A．生物病毒破坏性大

　　B．网络病毒没有传染性

　　C．网络病毒是人为编制的，有触发条件

　　D．网络病毒比生物病毒更难控制

（2）使用防病毒软件时，要求用户经常升级，这样做的目的是（　　）。

　　A．因为程序中有错误，所以要升级

　　B．由于新的病毒不断出现，因此需要及时更新病毒的特征代码库

　　C．为了对付最新的病毒，因此需要下载最新的程序

　　D．以上说法都不对

(3) 网络病毒的本质特征是（　　）。
  A．危害性　　　　B．顽固性　　　　C．传染性　　　　D．程序性
(4) 关于反病毒软件产品描述不正确的是（　　）。
  A．一种反病毒软件产品不可能清除所有病毒
  B．反病毒软件产品滞后于病毒
  C．利用反病毒软件产品不能准确检查未知病毒
  D．国产反病毒软件产品不如国外同类产品好
(5) 建立木马连接的硬件实体不包括（　　）。
  A．控制端　　　　B．服务端　　　　C．网络　　　　D．程序
(6) 木马的伪装方式不包括（　　）。
  A．修改图标　　　B．捆绑文件　　　C．出错显示　　　D．系统激活

2．多项选择题

(1) 网络病毒的特征是（　　）。
  A．隐蔽性　　　　B．传染性　　　　C．破坏性　　　　D．衍生性
(2) 网络病毒的危害有（　　）。
  A．占用和消耗内存空间，占用CPU时间
  B．使系统操作和运行速度下降
  C．改动系统配置
  D．攻击邮件、阻塞网络
(3) 为了有效阻止病毒的危害，用户应（　　）。
  A．准备多种防毒、杀毒、解毒软件　　　B．使用多品牌反病毒软件交叉查杀病毒
  C．及时升级反病毒软件　　　　　　　　D．建立安全应用制度
(4) 完整的木马系统软件部分包括（　　）。
  A．控制端程序　　B．服务端程序　　C．配置程序　　　D．以上都是
(5) 木马获取的系统权限主要包括（　　）。
  A．文件操作权限　B．修改注册表　　C．修改启动项　　D．系统操作

3．判断题

(1) 隐蔽性是网络病毒的特征之一。　　　　　　　　　　　　　　　　　　（　　）
(2) 只要安装了防病毒软件，就能保证计算机的安全。　　　　　　　　　　（　　）
(3) 电子邮件病毒只能通过邮件中的附件进行传播。　　　　　　　　　　　（　　）
(4) 网络病毒只能存在于可执行文件，不能存在于文档文件中。　　　　　　（　　）
(5) 安装病毒防火墙可以彻底杜绝网络病毒入侵。　　　　　　　　　　　　（　　）
(6) 使用多个反病毒软件交叉反杀病毒可以保证计算机不感染病毒。　　　　（　　）
(7) 木马的服务端程序是安装在黑客使用的计算机中。　　　　　　　　　　（　　）
(8) 木马控制不需要网络连接。　　　　　　　　　　　　　　　　　　　　（　　）
(9) 木马有时可以关闭杀毒软件。　　　　　　　　　　　　　　　　　　　（　　）

4．简答题

(1) 网络病毒有哪些基本特征？

（2）网络病毒的破坏行为有哪些？
（3）简述单机、网络预防病毒的措施？
（4）如何选择杀毒软件？
（5）如何构建立体防病毒体系？
（6）网络环境防毒和单机防毒有什么不同？
（7）简述计算机木马的组成。
（8）简述计算机木马的工作步骤。

5. 实训题

（1）下载瑞星杀毒软件并安装。
（2）设置瑞星杀毒软件的功能满足自己需要。
（3）使用瑞星杀毒软件进行病毒查杀；
（4）使用360安全卫士查杀自己计算机中的木马。
（5）使用360安全卫士为系统打补丁。

网络服务安全

计算机网络的普及应用极大地促进了社会信息化进程,也逐渐形成了传统服务网络化的新型服务模式,这一改变提升了人们生活、工作的便捷性,目前网上办公、网上银行、网上购物等正成为新的社会时尚。但是,接连不断出现的网络服务安全事件,也同时引起了人们对网络服务安全性的高度关注,如何保证网络服务安全自然成为了热门话题。可以认为,与网络应用服务有关的所有内容,都会影响服务中的安全性,其涉及面广且层次较多,因此,这里只从提供网络服务的角度入手,介绍最常用的几种网络服务的安全性问题。

项目目标

- 了解 Web 安全应用,会在配置 Web 时考虑安全问题。
- 了解 E-mail 的安全问题。
- 了解 DNS 安全应用,会在配置 DNS 时考虑安全问题。
- 了解 FTP 的安全问题。

任务一 了解 Web 安全配置

有关数据显示,在所有与黑客攻击有关的活动中,90%以上涉及数据泄露的事件均是黑客利用网络应用层的漏洞所导致的。因此,网络应用安全已经不再是信息安全领域的局部问题,目前已演变成为影响网络安全的主要问题,需要所有人给予更多的关注。Web 服务是人们在互联网上应用最多的一种服务,其安全性自然不容小觑。

案例 17:上海私车额度拍卖系统遭受网络攻击事件

2009 年 7 月 18 日,上海市私车额度拍卖系统遭受网络攻击,攻击者实施的"分布式拒绝服务"攻击阻塞了拍牌网络,使多数竞拍人无法登录,导致 2009 年度第 7 次私车额度拍卖活动被迫中止。这一事件引发了全国媒体的广泛关注,部分拍牌群众情绪激动,有人甚至委托律师向法院递交了起诉状。一时传言四起,私车额度拍卖的公正性和安全性成为人们关注的焦点。

案件发生后,上海市公安局网安总队迅速调集全市网安部门精兵强将,组成"7·18"专案组,全力投入侦破工作。经过22个昼夜的艰苦拼搏,专案组分别于2009年8月9日凌晨和8月11日下午成功抓获犯罪嫌疑人周某和王某。周某到案后,对其为达到低价拍牌的目的,操纵"傀儡主机"对私车额度拍卖系统服务器实施网络攻击的犯罪行为供认不讳。

2010年3月9日,上海市嘉定区人们法院组成合议庭,公开审理了此案。2010年9月20日,犯罪嫌疑人周某及王某以涉嫌破坏计算机信息系统罪被嘉定区人民法院分别判处有期徒刑二年及有期徒刑一年二个月。

任务活动

1. 教师展示案例,讲解案例涉及的专业术语和知识

(1)安全漏洞、拒绝服务攻击等。
(2)Web 服务的基本工作原理。
(3)Web 服务中存在的安全性问题。

2. 收集与 Web 有关的攻击案例

学生自主分组并充分利用网络资源进行案例收集,小组活动结束后应形成以下成果:
(1)收集到若干个与 Web 有关的攻击案例。
(2)一份简单的攻击案例分析报告。
(3)简短的小组活动总结。

3. 与 Web 有关的攻击案例讨论

根据对教材展示案例和自己收集案例的讨论结果,分组发言表达各组对 Web 服务安全性的看法,最终形成对保护 Web 安全较为统一的认识。讨论可以围绕以下问题展开:
(1)对 Web 实施攻击的目的何在?
(2)攻击行为对网络应用产生何种影响?
(3)Web 服务为什么易遭受攻击?

任务操作

配置 IIS Web 时充分考虑应用的安全性,在一定程度上可以减少安全事件的发生。配置 IIS Web 服务器的操作过程如下。

(1)双击"控制面板"中的"管理工具"命令,打开"管理工具"窗口。双击"Internet 服务(IIS)管理器"图标,打开"Internet 信息服务(IIS)管理器"窗口,如图 9-1-1 所示。

(2)鼠标指向左面窗格中的"网站"文件夹,右击,打开快捷菜单,选择"新建"中的"网站"命令,打开"网站创建向导"的"欢迎使用网站创建向导"界面,如图 9-1-2 所示。

图 9-1-1 "Internet 信息服务（IIS）管理器"窗口

图 9-1-2 "欢迎使用网站创建向导"界面

（3）单击"下一步"按钮，打开"网站描述"界面，如图 9-1-3 所示。在"描述"文本框中输入网站描述信息，如"aa"。

（4）单击"下一步"按钮，打开"IP 地址和端口设置"界面，在"网站 IP 地址"下拉列表中选择"192.168.0.16"，在"网站 TCP 端口"文本框中采用默认的 80 端口，如图 9-1-4 所示。

图 9-1-3 "网站描述"界面　　　　　　　　图 9-1-4 "IP 地址和端口设置"界面

（5）单击"下一步"按钮，打开"网站主目录"界面，在"路径"文本框中选择网站的主目录 C:\mysite，选中"允许匿名访问网站"复选框，如图 9-1-5 所示。

（6）单击"下一步"按钮，打开"网站访问权限"界面，选中"读取"和"运行脚本（如 ASP）"复选框，如图 9-1-6 所示。

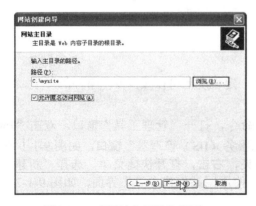
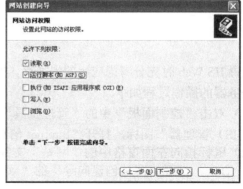

图 9-1-5 "网站主目录"界面　　　　　　　　图 9-1-6 "网站访问权限"界面

（7）单击"下一步"按钮，打开"已成功完成网站创建向导"界面，如图 9-1-7 所示。
（8）单击"完成"按钮，完成新站点创建操作。
（9）在"Internet 信息服务（IIS）管理器"窗口，鼠标指向新建的站点 aa，右击，打开快捷菜单，选择"属性"命令，打开"aa 属性"对话框，如图 9-1-8 所示。

图 9-1-7　"已成功完成网站创建向导"界面　　　图 9-1-8　"aa 属性"对话框

（10）单击"网站标识"选项中的"高级"按钮，打开"高级网站标识"对话框，如图 9-1-9 所示。
（11）选中 IP 地址，单击"编辑"按钮，打开"添加/编辑网站标识"对话框，在"主机头值"文本框中输入"www.dd.com"，如图 9-1-10 所示。

图 9-1-9　"高级网站标识"对话框　　　图 9-1-10　"添加/编辑网站标识"对话框

（12）单击"确定"按钮，返回"aa 属性"对话框，单击"应用"按钮。
（13）单击"主目录"选项卡，选中"读取""记录访问""索引资源"复选框，如图 9-1-11 所示。
（14）选中"目录安全性"选项卡，在"身份验证和访问控制"选项中单击"编辑"按钮，打开"身份验证方法"对话框，取消"集成 Windows 身份验证"复选框，如图 9-1-12 所示。

 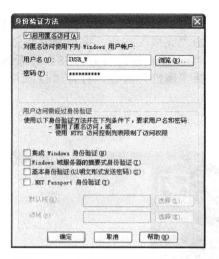

图 9-1-11 主目录权限设置　　　　图 9-1-12 "身份验证方法"对话框

（15）单击"确定"按钮，完成设置。

（16）选中"目录安全性"选项卡，在"IP 地址和域名限制"选项中单击"编辑"按钮，打开"IP 地址和域名限制"对话框，如图 9-1-13 所示。

（17）选中"拒绝访问"单选钮，单击"添加"按钮，打开"授权访问"对话框，选中"一组计算机"单选钮，在"网络标识"文本框中输入"192.168.0.0"，在"子网掩码"文本框中输入"255.255.255.0"，如图 9-1-14 所示。

图 9-1-13 "IP 地址和域名限制"对话框　　　　图 9-1-14 "授权访问"对话框

（18）单击"确定"按钮，返回"IP 地址和域名限制"对话框，如图 9-1-15 所示。单击"确定"按钮，完成"IP 地址和域名限制"设置。

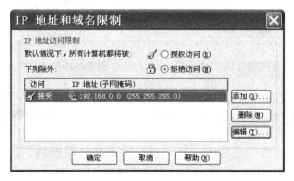

图 9-1-15 "IP 地址和域名限制"对话框

（19）在局域网或远程计算机上，打开 IE 浏览器，在地址栏中输入 http://192.168.0.16 或 http://www.dd.com，按回车键，将显示站点网页。

知识链接

1. Web 服务的基本工作原理

Web 服务基于客户机/服务器的工作模式，由 Web 浏览器（客户机）和 Web 服务器（服务器）构成，两者之间采用超文本传送协议（HTTP）进行通信。HTTP 协议是基于 TCP/IP 协议之上的协议，是 Web 浏览器和 Web 服务器之间的应用层协议。HTTP 协议的工作过程包括连接、请求、应答、关闭 4 个过程。

连接是指 Web 浏览器与 Web 服务器建立连接，打开一个称为 Socket（套接字）的虚拟文件，建立此文件标志着建立连接成功。

请求是指 Web 浏览器通过 Socket 向 Web 服务器提交请求。HTTP 的请求一般是 GET 或 POST 命令（POST 用于 FORM 参数的传递）。GET 命令的格式为：GET 路径/文件名 HTTP/1.0。文件名指出所访问的文件，HTTP/1.0 指出 Web 浏览器使用的 HTTP 版本。

应答是指 Web 浏览器提交请求后，通过 HTTP 协议传送给 Web 服务器。Web 服务器接到后，进行事务处理，处理结果又通过 HTTP 传回给 Web 浏览器，从而在 Web 浏览器上显示出所请求的页面。假设客户机与 www.mycomputer.com:8080/mydir/index.html 建立了连接，就会发送 GET 命令：GET/mydir/index.html HTTP/1.0。主机名为 www.mycomputer.com 的 Web 服务器从它的文档空间中搜索子目录 mydir 的文件 index.html。如果找到该文件，Web 服务器把该文件内容传送给相应的 Web 浏览器。为了告知 Web 浏览器传送内容的类型，Web 服务器首先传送一些 HTTP 头信息，然后传送具体内容（即 HTTP 体信息），HTTP 头信息和 HTTP 体信息之间用一个空行分开。

关闭连接是指当应答结束后，Web 浏览器与 Web 服务器必须断开，以保证其他 Web 浏览器能够与 Web 服务器建立连接。

2. Web 服务存在的安全问题

Web 服务存在的安全问题不是孤立和单一问题，是涉及设备、环境和应用等多方面的综合性问题，可以概括为以下几个方面。

（1）服务器及网络环境的安全。

服务器和网络硬件环境存在基础性安全问题，将预示着整个应用服务存在缺陷，可能由此导致严重的安全问题。基础性安全问题包括服务器系统存在漏洞、系统权限管理不当、网络环境存在缺陷和网络端口管理不当等。

（2）Web 服务器应用安全。

应用中 IIS 或 Apache 等的配置、权限等管理不当，可能直接影响访问网站的效率、结果，甚至引起安全问题。

（3）网站应用程序安全。

若应用程序本身存在漏洞，或程序的应用权限审核存在问题，也可能导致 Web 服务安全存在重大问题。

（4）Web Server 周边应用的安全。

一台 Web 服务器通常不是独立存在，其他的应用服务器缺陷也会影响到 Web 服务器的安全性。

任务拓展：电子邮件加密传输

电子邮件传输过程中存在被截收的安全风险，对于重要的电子邮件应考虑加密传输，使用 PGP 加密传输电子邮件的操作过程如下。

1. 下载、安装 PGP

从 PGP 中文官方网站 www.pgp.com.cn 下载 PGP 9.12 简体中文版压缩文件，解压缩后，运行安装文件，系统自动进入安装向导，主要安装过程如下。

（1）双击"PGP912Win32CHS"文件，运行安装程序，打开安装向导，在"许可证协议"选择对话框，选中"我接受该许可证协议"，如图 9-1-16 所示。

（2）单击"下一步"按钮，查看安装信息。

（3）单击"下一步"按钮，系统自动复制文件，如图 9-1-17 所示。

图 9-1-16　选择接受许可证协议

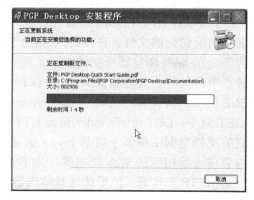
图 9-1-17　系统自动复制文件

（4）安装完毕后，重启计算机，系统启动 PGP 设置助手，如图 9-1-18 所示。

（5）单击"下一步"，按照向导要求填写注册码及相关信息，至完成设置。注册信息输入对话框如图 9-1-19 所示。

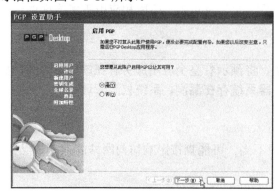
图 9-1-18　PGP 设置助手

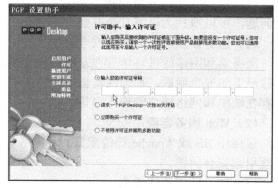
图 9-1-19　输入注册信息

2. 新建用户密钥

使用"PGP 密钥生成助手"生成用户密钥，需要打开"PGP Desktop"窗口，具体操作过程如下。

(1)选择"文件"菜单项中的"新建 PGP 密钥",打开"PGP 密钥生成助手",如图 9-1-20 所示。

(2)单击"下一步"按钮,输入用户名和邮箱地址,如图 9-1-21 所示。

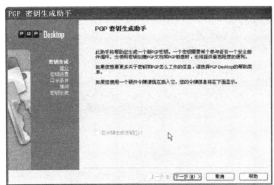
图 9-1-20 PGP 密钥生成助手

图 9-1-21 分配名称和邮件

(3)单击"下一步"按钮,输入用户保护私钥口令,如图 9-1-22 所示。

(4)单击"下一步"按钮,系统生成密钥,如图 9-1-23 所示。

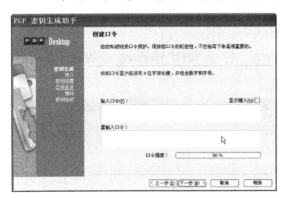
图 9-1-22 创建口令

图 9-1-23 生成密钥

(5)单击"下一步"按钮,进行完成密钥生成确认,如图 9-1-24 所示。完成用户密钥生成后,在"PGP Desktop"窗口出现用户密钥信息。

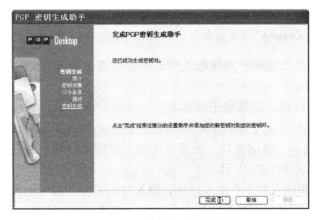
图 9-1-24 结束生成密钥操作

3．使用 PGP 实现邮件加密传输

当发送和接收邮件双方都拥有 PGP 密钥后，可以相互进行邮件加密传输，具体操作如下。

（1）打开发送邮件信箱，撰写邮件，如图 9-1-25 所示。

图 9-1-25　撰写电子邮件

（2）单击任务栏中的"PGP Desktop"图标，打开"PGP Desktop"菜单命令，如图 9-1-26 所示。

（3）单击"当前窗口"子菜单中的"加密"命令，打开"PGP Desktop-密钥选择对话框"，如图 9-1-27 所示。

 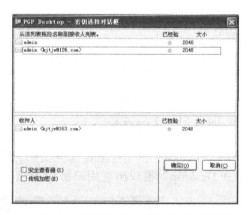

图 9-1-26　"PGP Desktop"菜单命令　　　图 9-1-27　PGP Desktop-密钥选择对话框

（4）将邮件接收者的公钥拖拉到接收人列表中，单击"确定"按钮，当前窗口的邮件被加密，效果如图 9-1-28 所示。

（5）单击"发送"按钮，发送电子邮件。

（6）收件方接收并打开电子邮件后，单击任务栏中的"PGP Desktop"图标，打开"PGP Desktop"命令菜单，选择"当前窗口"子菜单中的"解密＆校验"命令，打开"PGP Desktop-输入口令"对话框，如图 9-1-29 所示。

（7）在"为您的私钥输入口令"文本框中，输入与加密公钥对应的邮件接收者的私钥口令，单击"确定"按钮，打开"文本查看器"窗口，显示解密后的邮件内容，如图 9-1-30 所示。

项目九 网络服务安全

图 9-1-28 加密后的邮件

图 9-1-29 "PGP Desktop-输入口令"对话框

图 9-1-30 显示解密的邮件内容

常见问题及解决策略

1. 经常修补漏洞，还是受到了攻击危害

漏洞是指系统中存在的任何不足或缺陷。一般认为，网络安全的漏洞问题可以从两个方面来理解。一方面，漏洞是指系统安全过程、管理控制以及内部控制等存在的缺陷，它能够被威胁利用，从而获得对信息的非授权访问或者对破坏关键数据的处理。另一方面，漏洞是指在物理层、组织、程序、人员、软件或硬件方面的缺陷，它能够被利用而导致对自动数据处理系统或行为的损害。可以看出，漏洞除了系统本身固有的缺陷之外，还应包含用户的不当配置、管理或制度上的风险或是其他非技术因素造成的不足或错误。概括起来，漏洞是在硬件、软件、协议的具体实现或系统安全策略上存在的缺陷，从而使攻击者能够在未授权的情况下访问或破坏系统。

修补漏洞通常是弥补软件系统的缺陷，所以，所谓的修补漏洞也只是解决了一部分的安全缺陷，当然不能解决所有的安全攻击问题。

2. 密码攻击就是将加密内容还原成原文

将密码攻击理解成还原密文太过狭隘，随着技术的不断进步，有些加密是不可逆的，根本没有办法还原。那是不是就没有办法利用密码进行攻击呢,当然不是。密码是一道阻止非法进入系统的屏障,只要能获取系统认可的密码,就可以顺利进入系统,所以就出现了记录敲击键盘密码的钩子程序,也有直接获取加密后的密文并交由系统验证从而进入系统的案例。

任务二　了解 DNS 安全配置

域名解析系统(Domain Name System,DNS)的主要作用是建立域名和 IP 地址的对应关系,满足用户使用域名上网的要求。域名解析系统的复杂性和网络服务的基础性,使其安全问题成为业界普遍关注的问题,加之频发的 DNS 劫持事件,更加剧了人们对其安全性的担忧。

案例 18:DNS 大面积故障致网络瘫痪

2014 年 1 月 21 日全国网络出现大面积瘫痪,多数网络用户不能正常访问网络,事后查明,是国内大范围的 DNS 服务故障造成的网络瘫痪。事实上 DNS 攻击每天都在网络中发生,而且已经有黑客通过篡改路由器 DNS 设置,劫持各大知名网站插入广告和欺诈信息、甚至把网站替换为假冒的钓鱼页面,套取受害者账号密码。

有专家指出:"全国大范围的 DNS 故障只是偶发事件,对网民来说,更常见的风险是路由器 DNS 设置被黑客篡改,受害者访问的所有网址都要通过黑客的 DNS 域名解析,这时黑客有可能会针对网银等重要网站进行钓鱼窃取密码"。《路由器安全报告》也显示,国内市场上超过 30% 的路由器存在弱密码漏洞,如果计算机没有专业安全软件保护,一旦浏览恶意网页,路由器 DNS 就会被网页攻击代码偷偷篡改,且受害用户难以察觉。据相关安全机构检测,DNS 曾被黑客篡改的网民比例达到 4.7%。

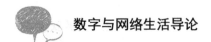

1. 教师展示案例,讲解案例涉及的专业术语和知识

(1) DNS、DNS 结构和解析。

(2) DNS 存在的安全问题。

2. DNS 攻击案例收集

学生自主分组并充分利用网络资源进行 DNS 攻击案例收集,小组活动结束后应形成以下成果:

(1) 收集到若干个 DNS 攻击的真实案例。

(2) 一份简单的案例分析报告。

(3) 简短的小组活动总结。

3. DNS 攻击案例讨论

根据对教材展示案例和自己收集案例的讨论结果,分组发言,说说对 DNS 攻击的看法,最终全面了解 DNS 攻击的危害性。讨论可以围绕以下问题展开:

(1) 实施 DNS 攻击的目的何在?

(2) DNS 攻击产生的后果有哪些?

(3) 常见的 DNS 攻击有哪些?
(4) 如何保障 DNS 的安全?

任务操作

利用 IP 地址可以访问网络中的计算机，但是，仅利用 IP 地址访问网络计算机，记忆 IP 地址就可能成为不可逾越的障碍。DNS 服务器提供了主机或域名与 IP 地址相互转换功能，使得利用域名也可以访问网络中的计算机。安全配置 DNS 服务器的操作过程如下。

（1）单击"开始→管理工具→DNS"命令，打开"dnsmgmt-[DNS\W\正向查找区域]"窗口，如图 9-2-1 所示。

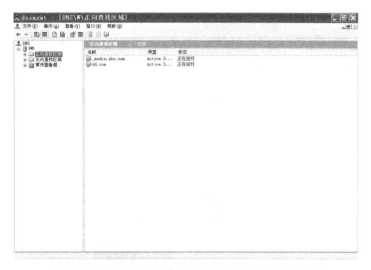

图 9-2-1　"dnsmgmt-[DNS\W\正向查找区域]"窗口

（2）鼠标指向 DNS 控制台左侧窗格中的"正向查找区域"文件夹，右击，打开快捷菜单，选择"新建区域"命令，打开"新建区域向导"的"欢迎使用新建区域向导"界面，如图 9-2-2 所示。

（3）单击"下一步"按钮，打开"区域类型"界面，选中"主要区域"单选按钮，如图 9-2-3 所示。

图 9-2-2　"欢迎使用新建区域向导"界面

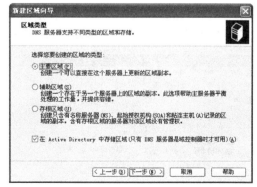

图 9-2-3　"区域类型"界面

（4）单击"下一步"按钮，打开"Active Directory 区域复制作用域"界面，选中"至 Active

Directory 域 abc.com 中的所有域控制器"单选按钮,如图 9-2-4 所示。

(5)单击"下一步"按钮,打开"区域名称"界面,在"区域名称"文本框中输入新区域的名称"dd.com",如图 9-2-5 所示。

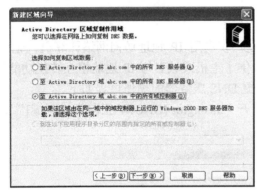
图 9-2-4 "Active Directory 区域复制作用域"界面

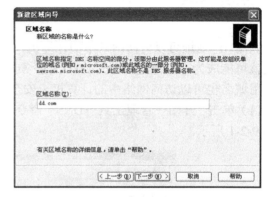
图 9-2-5 "区域名称"界面

(6)单击"下一步"按钮,打开"动态更新"界面,选择默认值"只允许安全的动态更新(适合 Active Directory 使用)",如图 9-2-6 所示。

(7)单击"下一步"按钮,打开"正在完成新建区域向导"界面,显示新建区域的详细信息,如图 9-2-7 所示。

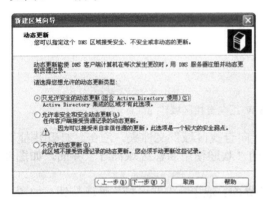
图 9-2-6 "动态更新"界面

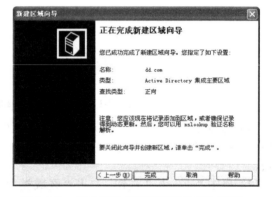
图 9-2-7 "正在完成新建区域向导"界面

(8)单击"完成"按钮,完成创建正向查找区域操作。在"dnsmgmt-[DNS\W\正向查找区域]"窗口显示新建的正向查找区域"dd.com",如图 9-2-8 所示。

图 9-2-8 显示创建的正向查找区域

(9)鼠标指向 DNS 控制台的"dd.com",右击,打开快捷菜单,选择"新建主机"命令,打开"新建主机"对话框,在"名称"文本框中输入"www",在"IP 地址"文本框中输入"192.168.0.15",如图 9-2-9 所示。

(10) 单击"添加主机"按钮,显示"成功地创建了主机记录"的提示信息,如图 9-2-10 所示。

图 9-2-9 "新建主机"对话框　　　　　　　图 9-2-10 "成功地创建了主机记录"提示信息

(11) 单击"确定"按钮,返回"新建主机"对话框,单击"完成"按钮,完成主机 www 的添加,如图 9-2-11 所示。

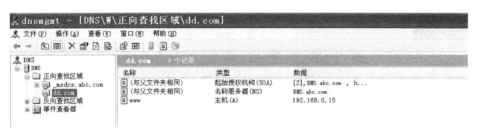

图 9-2-11 添加主机 www

(12) 鼠标指向 DNS 服务器 DNS,右击,打开快捷菜单,选择"属性"命令。打开 DNS 服务器属性对话框,选择"转发器"选项卡,在"所选域的转发器的 IP 地址列表"文本框中输入"202.102.224.68",单击"添加"按钮,DNS 服务器 IP 地址出现在列表框中,如图 9-2-12 所示。

(13) 单击"确定"按钮,保存对转发器的设置。

(14) 单击"安全"选项卡,在"组或用户名称"中选择"Everyone"用户,在"Everyone 的权限"选项中选择"读取"选项,如图 9-2-13 所示。单击"确定"按钮。

图 9-2-12 "转发器"选项卡　　　　　　　图 9-2-13 Everyone 权限设定

（15）在"dnsmgmt-[DNS\W\正向查找区域]"窗口中，鼠标指向"反向查找区域"文件夹，单击右键，打开快捷菜单，选择"新建区域"命令，打开"欢迎使用新建区域向导"对话框，如图 9-2-14 所示。

（16）单击"下一步"按钮，在"区域类型"对话框中，选中"主要区域"单选按钮。在"Active Directory 区域复制作用域"对话框中，选中"至 Active Directory 域 abc.com 中的所有域控制器"单选钮。

（17）单击"下一步"按钮，打开"反向查找区域名称"对话框，在"网络 ID"文本框中输入"192.168.0"，如图 9-2-15 所示。

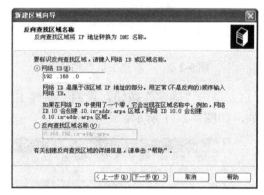

图 9-2-14　"欢迎使用新建区域向导"对话框　　　图 9-2-15　"反向查找区域名称"对话框

（18）单击"下一步"按钮，打开"动态更新"对话框，选择默认值"只允许安全的动态更新（适合 Active Directory 使用）。

（19）单击"下一步"按钮，打开"正在完成新建区域向导"对话框，显示新建区域的详细信息，如图 9-2-16 所示。

图 9-2-16　"正在完成新建区域向导"对话框

（20）单击"完成"按钮，完成创建"反向查找区域"操作。在"dnsmgmt-[DNS\W\反向查找区域]"窗口中显示新建的"反向查找区域"，如图 9-2-17 所示。

（21）鼠标指向新建立的 192.168.0.X Subnet，右击，打开快捷菜单，选择"新建指针"命令，打开"新建资源记录"对话框。在"主机 IP 号"文本框中输入 DNS 服务器 IP 地址的最后一组数字"15"，在"主机名"文本框中输入"www.dd.com"，如图 9-2-18 所示。

（22）单击"确定"按钮，返回"dnsmgmt-[DNS\W\反向查找区域]"窗口，新建立的指针显示在窗口中，如图 9-2-19 所示。

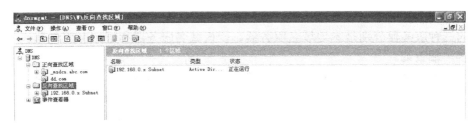

图 9-2-17　显示创建的"反向查找区域"

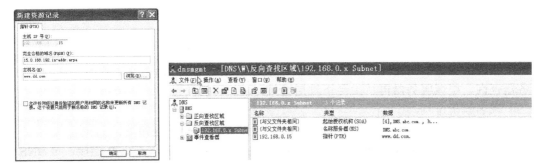

图 9-2-18　"新建资源记录"对话框　　　图 9-2-19　显示新建的指针信息

（23）在命令提示符窗口，执行"nslookup"命令，输入要测试的域名"www.dd.com"，按回车键可成功解析服务器的 IP 地址"192.168.0.15"。输入服务器的 IP 地址"192.168.0.15"，可成功解析服务器域名"www.dd.com"，测试结果如图 9-2-20 所示。

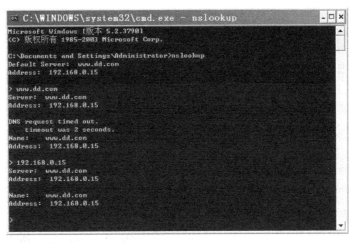

图 9-2-20　测试命令窗口

知识链接

1．域名解析系统

DNS 是一种组织成域层次结构的计算机和网络服务命名系统，提供将域名转换为 IP 址的一种方法或服务。DNS 基于 UDP 协议，工作在应用层。DNS 采用 C/S 模式，用户只能间接地使用 DNS，客户端由操作系统支持，服务器存储域名与 IP 地址的对照表，负责进行地址解析。

2. 域名解析

域名系统由大量的域名服务器构成，域名地址采用分布式数据存储，需要层层解析。负责解析域名的三种服务器分别是本地域名服务器、授权域名服务器和根域名服务器。

（1）客户端查询。

客户端查询包括客户端本机查询和客户端与本地服务器的查询。

用户输入域名后解析程序首先查找本地高速缓存内有无该域名的记录，如果查找成功直接返回 IP 地址，否则再去查找本机相关文件内是否有对应的 IP 地址，如果有，则返回 IP 地址。否则，向本地 DNS 服务器提出请求，进行客户端与本地服务器的查询。

本地服务器接到查询请求后，也要先检查本机文件，如果查询成功，则返回 IP 地址，否则，再检查 Cashe，如果再失败就要进行服务器之间的查询。

（2）服务器之间查询。

服务器之间的查询可能是反复进行的多次查询。当本地服务器查找失败时，就直接转向根域服务器查询，根域服务器再从上至下逐层查询。

（3）域名解析过程。

若 cctv 域中的某一台计算机要访问 www.lstc.edu.cn，详细过程如下。

浏览器发现接受的地址是域名地址，不是 IP 地址，无法直接建立 TCP 连接，向 DNS 解析程序提出查询请求，查询 www.lstc.edu.cn 的 IP 地址。

如果用户最近访问过该地址，就从缓存里提取 IP 地址，返回给浏览器，否则，再查找本机文件中是否有记录，如果失败，执行本地服务器查询。

解析程序根据网络配置，向本地 DNS 服务器提出请求，要求查询 www.lstc.edu.cn 的 IP 地址。

本地 DNS 服务器若发现本身也没有该域名的 IP 地址，则直接向最高层的根域名服务器提出相同的请求。

根域名服务器也不能提供对应的 IP 地址，但能够提供顶级域名 cn 的 DNS 服务器地址，因而查询任务交给 cn 的 DNS 服务器。

若 cn 的 DNS 服务器检查发现，也没有存储 www.lstc.edu.cn 的 IP 地址，就需要提供 edu.cn 的 DNS 服务器地址，再把任务转移到 edu.cn 的服务器。

edu.cn 的服务器若也不能提供 www.lstc.edu.cn 的 IP 地址，就需要提供 lstc.edu.cn 的 DNS 服务器的地址，假设为 210.41.160.1，任务继续转移到该服务器。

在 210.41.160.1 的服务器数据库文件中查出 www.lstc.edu.cn 的 IP 地址为 210.41.160.7（假设），则把该结果回送到最初发出请求的计算机。

浏览器获得 www.lstc.edu.cn 的地址为 210.41.160.7，开始建立 TCP 连接，传送数据。

3. DNS 的常见安全威胁

从安全的角度来看，对 DNS 的攻击方式主要包括流量型拒绝服务攻击、异常请求访问攻击和 DNS 劫持攻击三大类，其中 DNS 劫持攻击最多。

（1）流量型拒绝服务攻击。

常见的有 UDP flood、TCP flood、DNS 请求 flood 和 PING flood 等。这种类型攻击的典型特征就是消耗掉 DNS 服务器的资源，使其不能及时响应正常的 DNS 解析请求，资源消耗包括对服务器 CPU、网络等的占用。

（2）异常请求访问攻击。

常见有超长域名请求、异常域名请求等，这类攻击的特点是通过发掘 DNS 服务器的漏洞，伪造特定的请求报文，导致 DNS 服务器软件工作异常而退出或崩溃而无法启动，达到影响 DNS 服务器正常工作的目的。

（3）DNS 劫持攻击。

域名劫持简单地说就是由于某种原因，LDNS 缓存了错误的结果，所以也叫做域名服务器缓存污染（DNS Cache Poisoning）。常见有篡改 LDNS 缓存内容、篡改授权域内容、ARP 欺骗劫持授权域等。这种类型攻击的特点是通过直接篡改解析记录或在解析记录传递过程中篡改其内容或抢先应答，从而达到影响解析结果的目的。

DNS 按工作机制划分为两种。一种是只有缓存（Cache）功能的 DNS 服务器，这类服务器最典型的就是各个 ISP 提供负责解析服务的服务器，通常称为 LDNS。LDNS 服务器上没有原始的域名解析记录，所有的记录都需要通过查询授权域名服务器获得，同时根据授权域名服务器返回结果的过期时间（TTL）确定这些记录的有效性。在 TTL 有效时间内，服务器可以直接将已经获得的结果返回给所有查询的客户端；TTL 时间过期后，再向授权域名服务查询获得最新的结果。另一种是授权域名服务器，上面保存着管理域下的各种解析记录，供 LDNS 或其他客户端查询。

由于被污染的 LDNS 会将返回的结果缓存一定时间，并且在这个期间内对所有向它请求的客户端直接返回错误结果，所以具有非常大的影响力和破坏力。

理论上讲，DNS 劫持可以发生在整个 DNS 解析过程中的任何一个环节，比如客户到 LDNS 的访问过程、LDNS 访问根域的过程，或者 LDNS 访问某一级授权域的过程；其中以后两种最为常见。

任务拓展：FTP 安全配置

在配置 FTP 服务器时，充分考虑应用中可能出现的安全性问题，可以在很大程度上减少安全事件的发生，提高 FTP 的应用安全性能。安全配置 FTP 的操作如下。

（1）单击 Serv-U 安装软件，进入安装界面。

（2）在"选择安装语言"对话框中选择"中文（简体）"。如图 9-2-21 所示。

图 9-2-21　选择安装语言

（3）单击"确定"按钮，进入 Serv-U 安装向导界面，如图 9-2-22 所示。

（4）按照安装提示，完成 Serv-U 软件的安装，如图 9-2-23 所示。

图 9-2-22　安装向导

图 9-2-23　安装向导完成界面

（5）单击"确定"按钮，打开创建"域向导"对话框，在"名称"文本框中输入"xiazai"，如图 9-2-24 所示。

（6）单击"下一步"按钮，打开"协议端口"对话框，如图 9-2-25 所示。

图 9-2-24　"域向导"步骤 1

图 9-2-25　"域向导"步骤 2

（7）单击"下一步"按钮，打开"IP 地址设置"对话框，在"IPv4 地址"下拉列表中选择 Serv-u 服务器 IP 地址，如图 9-2-26 所示。

（8）单击"下一步"按钮，打开"密码加密模式"对话框，选择"使用服务器设置（加密：单项加密）"，如图 9-2-27 所示。

图 9-2-26　"域向导"步骤 3

图 9-2-27　"域向导"步骤 4

（9）单击"完成"按钮，完成新域名的建立。打开创建用户账户信息提示对话框，如图 9-2-28 所示。

（10）单击"是"按钮，打开创建"用户向导"对话框，在"登录 ID"对话框中输入用户名"user"，如图 9-2-29 所示。

项目九 网络服务安全

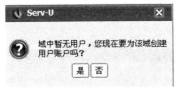
图 9-2-28 "创建用户账户"提示信息

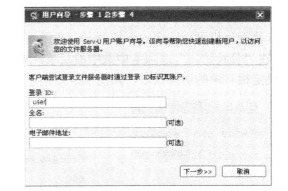
图 9-2-29 创建新用户

（11）单击"下一步"按钮，打开"密码设置"对话框，在"密码"文本框中输入密码"111000"，如图 9-2-30 所示。

（12）单击"下一步"按钮，打开"根目录"设置对话框，设置根目录，选中"锁定用户至根目录"复选框，如图 9-2-31 所示。

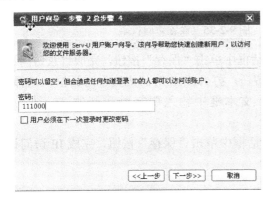
图 9-2-30 设置登录密码

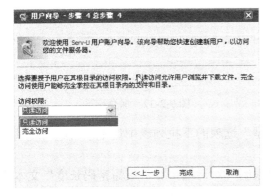

图 9-2-31 设置根目录

（13）单击"下一步"按钮，打开"访问权限"设置对话框，在"访问权限"下拉列表中选择"只读访问"，如图 9-2-32 所示。

（14）单击"完成"按钮，打开"Serv-U 管理控制台—用户"界面，如图 9-2-33 所示。

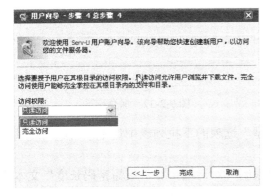
图 9-2-32 设置访问权限

图 9-2-33 "Serv-U 管理控制台—用户"界面

167

（15）在"域用户"选项卡中单击"编辑"按钮，打开"用户属性"对话框。在"用户信息"选项卡"管理权限"选项的下拉列表中选择"无权限"，如图 9-2-34 所示。

（16）在"目录访问"选项卡中选中根目录，单击"编辑"按钮，打开"目录访问规则"对话框，设定根目录的访问权限，如图 9-2-35 所示。

图 9-2-34　管理权限　　　　　　　图 9-2-35　设置访问权限

（17）单击"保存"按钮，在"用户属性"对话框中单击"保存"按钮，完成目录访问设定。

（18）在"IP 访问"选项卡中单击"添加"按钮，打开"IP 访问规则"对话框，选择"拒绝访问"单选按钮，在"IP 地址/名称/掩码"文本框中输入要拒绝访问的 IP 地址范围"192.168.1.2-192.168.1.50"，如图 9-2-36 所示。

（19）单击"保存"按钮，在"用户属性"对话框中单击"保存"按钮，完成 IP 访问设定，如图 9-2-37 所示。

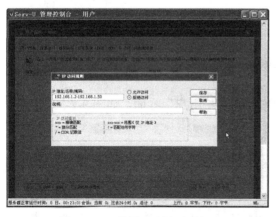 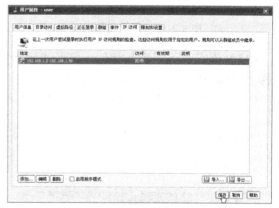

图 9-2-36　设置 IP 访问规则　　　　　图 9-2-37　保存设置

（20）在"限制和设置"选项卡的"限制类型"选项的下拉列表中选中"密码"选项，如图 9-2-38 所示。

（21）单击"最短密码长度"选项，打开"限制"对话框，在"最短密码长度"文本框中输入"6"，如图 9-2-39 所示。

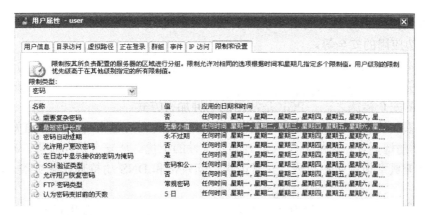

图 9-2-38 "限制和设置"选项卡

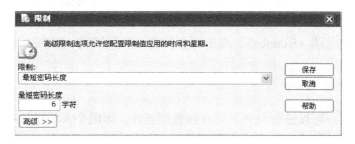

图 9-2-39 密码长度设置

(22)单击"保存"按钮,(在"用户属性"对话框中单击"保存"按钮,完成密码最短长度的设定。

 常见问题及解决策略

1. 没有 DNS 解析就不能上网

对于这种说法不能简单说对或错,之所以会这么说是没有搞清楚域名和 IP 地址的作用。DNS 出现故障,不能正常解析域名,使用域名就不可能上网。若用户直接使用 IP 地址上网,就不需要地址解析,所以当使用域名不能上网时,可以直接用 IP 地址试试。

2. 最关心应用安全的是用户

或许大家都认为最关心网络应用安全的是广大的网络用户,这种认识有一定的局限性,关心网络安全问题的不只是用户,更重视安全问题的应该是网络产品厂商,当用户远离网络产品之时一定是厂商倒闭之日。所以他们不得不付出更多的精力保证产品不出安全问题或少出安全问题。

 项目小结

Web 服务是人们在互联网上应用最多的一种服务,其安全性应给予更多的关注。Web 服务基于客户机/服务器的工作模式,由 Web 浏览器(客户机)和 Web 服务器(服务器)构成,两者之间采用超文本传送协议(HTTP)进行通信。

Web 服务存在的安全问题不是孤立和单一问题,是涉及设备、环境和应用等多方面的综合性问题，可以概括为服务器及网络环境的安全、Web 服务器应用安全、网站应用程序安全和 Web Server 周边应用的安全等。

由于网络本身的先天缺陷，电子邮件也存在严重的安全威胁，有黑客称电子邮件如同明信片一样透明，所以用户必须考虑采取可靠的安全防护措施，以保证邮件信息的安全，电子邮件加密是最常用的安全措施之一，PGP 是常用的一种加密方式。

域名解析系统的复杂性和网络服务的基础性，使其安全问题成为业界普遍关注的问题，加之频发的 DNS 劫持事件，更加剧了人们对其安全性的担忧。从安全的角度看，对 DNS 的攻击方式主要包括流量型拒绝服务攻击、异常请求访问攻击和 DNS 劫持攻击三大类，其中 DNS 劫持攻击最多。

匿名 FTP 是为在服务器上没有账号的人提供的，主要用来访问公用资源。匿名服务方式方便了用户，也不可避免地带来了安全问题，当然 FTP 存在的安全问题远不止这些。FTP 的安全问题主要是 FTP 本身存在有严重的安全缺陷，较容易发生欺骗和攻击。常见的 FTP 攻击形式有用户欺骗、FTP 的"跳（Bounce）"攻击、文件许可权限错误、SITE EXEC 漏洞等。

项目考核

学习任务完成后，可以进行自评、互评和教师点评，形成个人和学习小组任务完成情况总体评价。合作学习评价的内容和要求参见项目一，知识、技能评价的内容和要求如下。

（1）对 Web 安全问题的理解。

能清楚描述 Web 应用中存在的各种安全问题，并了解应对措施。

（2）配置 IIS Web 的熟练程度。

能熟练配置 IIS Web，并能全面考虑其中涉及的安全问题。

（3）对加密传输电子邮件操作。

了解加密信息的必要性，会使用 PGP 加密传输电子邮件。

（4）配置 DNS 的熟练程度。

了解 DNS 的作用，在配置 DNS 时能全面考虑安全问题。

（5）FTP 安全配置操作。

在配置 FTP 时能考虑其中的安全性问题。

项目习题

1.单项选择题

（1）Web 服务的浏览器和服务器之间采用（　　）协议进行通信。

　　A．Web　　　　　B．HTTP　　　　　C．FTP　　　　　D．SMTP

（2）PGP 是流行的加密软件，它可以用于加密邮件，也可以为（　　）。

　　A．加密收件人　　B．加密发件人　　C．添加数字签名　　D．加密信封

（3）域名是主机或路由器的字符串名称，采用唯一的（　　）命名方法。

　　A．层次结构　　　B．网状结构　　　C．线性结构　　　D．任意结构

（4）FTP 的传输模式有两种，分别是 ASCII 传输模式和（　　）传输模式。
　　A．二进制数据　　B．十六进制数据　　C．十进制数据　　D．八进制数据

2．多项选择题

（1）负责解析域名的服务器分别是（　　）。
　　A．本地域名服务器　　　　　　　　B．授权域名服务器
　　C．远程域名服务器　　　　　　　　D．根域名服务器
（2）HTTP 协议的工作过程包括（　　）。
　　A．连接　　　　B．请求　　　　C．应答　　　　D．关闭
（3）域名解析的客户端查询包括（　　）和（　　）的查询。
　　A．客户端本机查询　　　　　　　　B．服务器本机查询
　　C．客户端与本地服务器　　　　　　D．服务器与服务器查询
（4）对 DNS 的攻击方式主要包括（　　）。
　　A．流量型拒绝服务攻击　　　　　　B．异常请求访问攻击
　　C．DNS 劫持攻击　　　　　　　　　D．UDP 攻击

3．判断题

（1）没有 DNS 解析就不能上网。　　　　　　　　　　　　　　　　　　　（　　）
（2）HTTP 协议工作过程中的连接是指 Web 浏览器与 Web 服务器建立连接。（　　）
（3）Web 服务存在的安全问题是孤立和单一问题　　　　　　　　　　　　（　　）
（4）Web 服务是一组应用程序。　　　　　　　　　　　　　　　　　　　（　　）
（5）FTP 是 TCP/IP 协议组中的协议之一。　　　　　　　　　　　　　　（　　）

4．简答题

（1）为什么与 Web 有关的攻击那么多？
（2）配置服务器时考虑安全性问题有什么好处？
（3）邮件服务存在哪些安全性问题？
（4）为什么出现 DNS 故障会引起大范围的网络瘫痪？
（5）为什么 FTP 的安全性不高？

5．实训题

（1）配置 IIS Web 服务器，说明安全性是如何考虑的。
（2）配置 DNS 服务器，说明与安全性有关的设置。

项目十

网络文明

随着计算机网络技术的迅速发展和应用范围的不断扩大，计算机网络对人类社会的影响也日益深入。然而，网络空间并非一片净土，它在释放巨大能量的同时也可能成为信息垃圾的衍生地。我们应理性地认识、理解网络，积极营造文明的网络环境。

项目目标

- 了解网络环境的道德要求，能够自觉遵守网络道德
- 了解网络谣言的危害，能够自觉抵制不良网络行为

任务一 了解网络道德

同世界上许多事物一样，网络自由也是一把双刃剑，网民在享受宽松、自由的同时，也要承受着他人过度自由带来的损害。一些道德素质低下的网民，利用网络提供的方便条件，制造信息垃圾，进行信息污染，传播有害信息，或利用网络实施犯罪活动，使网络大众的利益受到侵害。只有认识不文明的网络行为，了解网络应用中倡导的行为规范，才能提高文明使用网络的意识。

案例19："番茄门"事件（中国青年报 2008 年 10 月 15 日）

2008 年 8 月 15 日，经微软举报，番茄花园版 Windows XP 作者洪某被苏州警方拘留。同时，为番茄花园提供技术支持的成都某科技有限公司也被查封，其法人代表张某、技术人员郑某也先后被警方控制。经警方查证，番茄花园美化修改版 Windows XP 操作系统主要由洪某制作，他不仅对 Windows XP 进行主题、桌面、按钮等外观进行美化，也取消了微软正版验证程序，同时对微软原版操作系统中一些不常用功能进行关闭或卸载，打开了原版系统中的一些功能模块限制，加快了平台运行速度，并在安装完成系统平台后集成一些实用的小工具，便于网民下载使用。番茄花园作为一个网络平台，其知名度越来越高。

通过番茄花园版 Windows XP 作者洪某与好友两年前的聊天录音，可以看出番茄花园有 3

个主要收入模式：其一是番茄花园网站的单击广告；其二是包括 XP 系统美化包在内的软件下载，这些软件中捆绑有流氓软件，洪某因此每月获利两三万元；其三是通过预装在番茄花园版软件里的流氓软件，为广告主带去流量或注册用户，洪某每月由此获利 10 万余元。警方对洪某刑事拘留后，在他的个人账户上发现 200 多万人民币，而洪某本人也承认自己曾在盗版 XP 软件中获利。

任务活动

1．教师展示案例，讲解案（事）例涉及的专业术语和知识

（1）电子邮件侵权案。
（2）维修中的计算机信息泄露事件。

2．侵权或不当网络行为案（事）例收集

学生自主分组并充分利用网络资源进行案（事）例收集，小组活动结束后应形成以下成果：
（1）收集到若干个网络侵权或不道德网络行为的真实案（事）例。
（2）一份简单的不当网络行为案（事）例分析报告。
（3）简短的小组活动总结。

3．网络不当行为案（事）例讨论

根据对教材展示案（事）例和自己收集案（事）例的讨论结果，分组发言表达各组对不当网络行为的看法，最终达成文明、规范使用网络的共识。讨论可以围绕以下问题展开：
（1）案（事）例中显现的问题是什么原因引起的？
（2）电子邮件与生活中的信件有什么区别？
（3）计算机设备维修人员有责任为客户保护资料的机密性吗？
（4）你认为如何解决案（事）例中的问题？

知识链接

网络在信息社会中充当着越来越重要的角色，但是，不管网络功能怎样强大，它也是人类创造的一种工具，它本身并没有思想，即使具有某种程度的智能，也是人类赋予它的。因此，在使用网络时，一定要遵守人类社会所共有的道德规范，同各种不道德行为和犯罪行为做斗争。

1．美国伦理学会制定的行为准则

美国计算机伦理协会为计算机伦理学制定了 10 条戒律，它是计算机用户在任何网络中都应该遵守的基本行为准则，它的具体内容是：
（1）不应该用计算机去伤害别人；
（2）不应该干扰别人的计算机工作；
（3）不应该窥探别人的文件；
（4）不应该用计算机进行偷窃；
（5）不应该用计算机作伪证；
（6）不应该使用或复制没有付钱的软件；
（7）不应该未经许可就使用别人的计算机资源；

（8）不应该盗用别人的智力成果；
（9）应该考虑你编写的程序的社会后果；
（10）应该以深思熟虑和慎重的方式来使用计算机。

2．美国计算机协会的行为规范

美国计算机协会为它的成员制定的应遵守的伦理道德和职业行为规范如下：
（1）为社会和人类做出贡献；
（2）避免伤害他人；
（3）要诚实可靠；
（4）要公正并且不采取歧视性行为；
（5）尊重包括版权和专利权在内的财产权；
（6）尊重知识产权；
（7）尊重他人的隐私权；
（8）保守秘密。

3．美国大学认为的不道德行为

美国南加利福尼亚大学的网络伦理协会，提出了 6 种不道德网络行为。
（1）有意造成网络交通混乱或擅自闯入网络及其相连的系统；
（2）商业性或欺骗性利用大学计算机资源；
（3）偷窃资料、设备或智力成果；
（4）未经许可接近他人的文件；
（5）在公共用户场合做出引起混乱或造成破坏的行为；
（6）伪造电子邮件信息。

4．《全国青少年网络文明公约》

中国共青团、教育部、文化部联合制定了《全国青少年网络文明公约》，提倡"五要、五不"的网络行为，具体内容如下。
（1）要善于网上学习，不浏览不良信息；
（2）要诚实友好交流，不侮辱欺诈他人；
（3）要增强自护意识，不随意约会网友；
（4）要维护网络安全，不破坏网络程序；
（5）要有益身心健康，不沉溺虚拟时空。

5．《中国互联网行业自律公约》

中国互联网协会于 2001 年 7 月成立《中国互联网行业自律公约》起草小组，经多次讨论和修改完善，最终形成了包括 4 章 31 条的自律公约。公约分别对制定互联网行业自律的宗旨、原则、价值取向、互联网运行服务、运用服务、信息服务、网络产品的开发、生产以及其他与互联网有关的科研、教育、服务等领域的从业者的行业自律事项、公约的执行等作了规定。其中自律条款的内容如下。

第六条　自觉遵守国家有关互联网发展和管理的法律、法规和政策，大力弘扬中华民族优秀文化传统和社会主义精神文明的道德准则，积极推动互联网行业的职业道德建设。

第七条　鼓励、支持开展合法、公平、有序的行业竞争，反对采用不正当手段进行行业内竞争。

第八条　自觉维护消费者的合法权益，保守用户信息秘密；不利用用户提供的信息从事任何与向用户作出的承诺无关的活动，不利用技术或其他优势侵犯消费者或用户的合法权益。

第九条　互联网信息服务者应自觉遵守国家有关互联网信息服务管理的规定，自觉履行互联网信息服务的自律义务：

（一）不制作、发布或传播危害国家安全、危害社会稳定、违反法律法规以及迷信、淫秽等有害信息，依法对用户在本网站上发布的信息进行监督，及时清除有害信息；

（二）不链接含有有害信息的网站，确保网络信息内容的合法、健康；

（三）制作、发布或传播网络信息，要遵守有关保护知识产权的法律、法规；

（四）引导广大用户文明使用网络，增强网络道德意识，自觉抵制有害信息的传播。

第十条　互联网接入服务提供者应对接入的境内外网站信息进行检查监督，拒绝接入发布有害信息的网站，消除有害信息对我国网络用户的不良影响。

第十一条　互联网上网场所经营者要采取有效措施，营造健康文明的上网环境，引导上网人员特别是青少年健康上网。

第十二条　互联网信息网络产品制作者要尊重他人的知识产权，反对制作含有有害信息和侵犯他人知识产权的产品。

第十三条　全行业从业者共同防范计算机恶意代码或破坏性程序在互联网上的传播，反对制作和传播对计算机网络及他人计算机信息系统具有恶意攻击能力的计算机程序，反对非法侵入或破坏他人计算机信息系统。

第十四条　加强沟通协作，研究、探讨我国互联网行业发展战略，对我国互联网行业的建设、发展和管理提出政策和立法建议。

第十五条　支持采取各种有效方式，开展互联网行业科研、生产及服务等领域的协作，共同创造良好的行业发展环境。

第十六条　鼓励企业、科研、教育机构等单位和个人大力开发具有自主知识产权的计算机软件、硬件和各类网络产品等，为我国互联网行业的进一步发展提供有力支持。

第十七条　积极参与国际合作和交流，参与同行业国际规则的制定，自觉遵守我国签署的国际规则。

第十八条　自觉接受社会各界对本行业的监督和批评，共同抵制和纠正行业不正之风。

任务拓展：了解虚拟社会

在人类社会向以"比特"为特征的信息社会转变的过程中，互联网与其拓展的广阔的"数字空间"为人们创造了一个"虚拟社会"。许多人认为，"虚拟社会"是以虚拟性、模糊性、全球性、裂变性为特点的虚拟生存，是与现实生存有根本区别的社会主体的一种存在方式，这种存在方式带来了人类生存中虚拟生存与现实生存、理想化生存与世俗化生存、全球生存与民族生存的矛盾。既然是虚拟的，人们自然不用拿现实中的法律约束网络行为，网上随心所欲、为所欲为大行其道。"虚拟社会"真的是脱离现实，与"现实社会"完全对立，或是现实完全浸于虚拟情景之中吗。

在汉语的语境中，"虚"具有或暗示着虚无、虚假和不真等语义，而"虚拟"则意指"假设的，不符合或不一定符合事实的"，虚拟与"虚构""虚假""编造"等词近义，与"真实"和"实在"反义。在英文环境，"虚拟"（Virtual）指的是"严格而论或名义上虽然不是，但实际上是"，或者指"事实上的、实际上的、实质上的，但未在名义上或正式获承认"（《牛津高级英汉双解词典》（第四版增补本），2002）。也就是说，"虚拟"的英文解释从来没有常识意义上的"不现实"或"不真实"的含义。"虚拟社会"这一术语可能是在"虚拟"一词上引起了误解，这种误解出现的一个原因在于"虚拟"和"现实"在英语和汉语词义转换中的文化和语用误读。

国外更多地是把"虚拟社会"（Virtual Society）称为"赛博社会"（Cyber Society），理解为一种数字化的社会结构、关系和资源整合环境，而不是虚构的、不存在的社会环境。

解读"赛博社会"主要基于以下三个方面：

一是对"数字化社会结构"的认知，在于凸显数字化决定了网络社会系统的社会功能和由此构建的关系网络具有虚拟的特征；

二是"数字化社会结构"命题具有的特殊性，在于它作为一种社会结构具有中观的、技术性的特质；

三是"数字化社会结构"表明网络社会结构是由信息技术、通信技术和网络技术联结而成的具有数字化和技术化特性的新型社会结构，而不是现实社会结构的延续。

"赛博社会"数字化特质的形成源于两个方面：一是结成网络社会物质的、物理的要件是信息设施、通信设施、计算机设备和以数字形式流动的信息。二是网络社会结构的形成以信息技术、通信技术和网络技术通过数字化整合与互联实现。因此，"赛博社会"也是我们常说的"网络社会"，因为 Internet 与"数字化"技术有着不可分割的深度关系，"网络社会"有与之更为接近的内涵和外延。

 常见问题及解决策略

1. 认为网络行为与现实行为完全是两码事

这完全是一种错误的认识，更不能作为网络不当行为的推脱借口，网民的网络行为一定要遵纪守法、恪守伦理道德。

网络社会是与现实社会有一定区别的人类社会存在的一种新形式，网络社会以现实社会为存在基础，在现实社会物质生产发展、社会财富相对丰富的基础上生成并获得发展，网络社会的主体存在也以现实社会主体的存在为基础，表明网络社会只是社会的一部分，而不是一个完整的社会整体。网络社会的现实管理是信息社会必将面临的重要课题，目前，中国已有较为系统的网络管理法律法规，能够有效制约网络不当行为，打击相关犯罪。

2. 网络对人类社会和自己只有积极的作用

我们在充分享受着人类智慧结晶——计算机网络带来的种种便利，赞叹计算机网络性能卓越、功能强大、社会作用非凡的同时，也应清醒地看到计算机网络同样给人类生活带来一些负面影响。

曾几何时人们只是听说，爱赌成性、吸烟上瘾、吸毒难以自拔，谁会想到上网也会中毒、成瘾，谁会想到为人类造福的高科技产品——计算机网络，在帮助人们成功、成才的同时也蕴藏着家破人亡的人间悲剧。互联网是继报刊、广播、电视之后的第四类媒体，它以声像图文并茂的多媒体服务，美妙无比的虚拟环境，使上网的人们享受现实生活中难以实现的美梦。因此，互联网也成了一些人生活中不能缺少的一部分，甚至是全部精神寄托，整日沉溺其中，远离世间亲朋，淡漠人间冷暖。上网成瘾的轻者会荒废学业，重者导致妻离子散、家业破败，甚至走上犯罪道路。

人们将计算机设备故障导致血气上升、大光其火、不能自治的失控现象称为计算机网络躁狂症。英国一调查公司曾对 1250 名上班族进行调查，结果显示 80%的人患有不同程度的计算机网络躁狂症。这些人在计算机网络出现问题时，会感到精神紧张、焦虑、烦躁，甚至出现头痛、失眠、心悸等症状。和"网瘾失衡症"相反，对"计算机网络躁狂症"的患者来说，计算机网络是引起人们焦躁不安、情绪波动的祸根。

对计算机工作时产生的微弱电磁场人们也不得不防，该电磁波辐射对人体的危害程度目前尚无定论，但长期操作计算机会影响身体新陈代谢、引起脱发，计算机屏幕使人眩晕、视力减退等已是不可争议的事实。有资料显示长期受电磁波辐射的污染，容易导致青光眼、失明症、白血病、乳腺癌等病症。

正确认识网络对人类的影响是解决问题的基础，有度使用网络、适度调节心理、多吃富含维生素 A 的事物，注意清洁等，也能在一定程度上降低辐射对人的影响。

任务二　抵制不良信息

网络中不仅有能帮助我们学习、生活、工作的有用信息，也有色情、暴力、谎言等有害信息，抵制网络不良信息也因此成为安全使用网络必须修炼的基本功。随着"秦火火"、"立二拆四"、傅学胜等一批网络推手的锒铛入狱，网络策划、网络谣言这样一种社会丑恶现象露出了真面目，让网民对抵制不良的信息的必要性有了更清楚的认识。

案例 20：散布网络谣言案件（http://weibo.com/shanghaipolice）

上海公安仅用 5 小时，快侦快破一起"浦东医院收治一起疑似埃博拉病例"网络谣言案件，抓获涉案嫌疑人祝某。

2014 年 8 月 5 日，公安机关在工作中发现，网民"上海民生"8 月 3 日 21 时 39 分在新浪微博发博文称："近日，浦东新区人民医院又出现了一例类似禽流感。另外一位从非洲来的人也住进了该医院，疑似目前的非洲恐怖病毒'埃博拉'。望相关部门重视认真化验且求证两例真实性，如属实务必迅速隔离一切到位。"其后，微博、微信平台均出现网民大量转发。

浦东公安分局迅速查明发布该不实信息的是祝某，并依法将其传唤到公安机关进行调查。据祝某交待，因听闻他人建议"近期少去人民医院"的言论，遂臆想并杜撰了"浦东新区人民医院现埃博拉病毒"的谣言。事后，其本人也意识到了自己未考虑负面后果及社会影响、只想引起网民关注的做法已违反法律。

鉴于祝某的行为已涉嫌扰乱公共场所秩序，根据《中华人民共和国治安管理处罚法》第二十五条第一项之规定，对祝某处以行政拘留 5 日。

警方正告：网络社会不是法外之地，法律尊重和保护公民个人的言论自由，每一位理性公民都应认识到，任何言论都不能超越法律和道德的底线。

任务活动

1. 教师展示案例，讲解案（事）例涉及的专业术语和知识

（1）网络推手、水军、有害信息等。
（2）大V的网络影响力。
（3）众多群体性事件的起源。

2. 传播有害信息和编造网络谣言的案例收集

学生自主分组并充分利用网络资源进行案（事）例收集，小组活动结束后应形成以下成果：
（1）收集到若干个传播有害信息和编造网络谣言的真实案（事）例，检索国外对网络谣言制造者的惩处案例。
（2）一份简单的传播有害信息和编造网络谣言案（事）例分析报告。
（3）简短的小组活动总结。

3. 对传播有害信息案（事）例的讨论

根据对教材展示案（事）例和自己收集案（事）例的讨论结果，分组发言表达各组对不当传播有害信息的看法，最终达成自觉抵制有害信息、不编谣传谣信谣，做文明网民的共识。讨论可以围绕以下问题展开：
（1）为什么所有国家对网络谣言都有法律上的约束？
（2）怎样看待有害信息对网络的影响？
（3）网络谣言和现实社会中的谣言有什么异同？
（4）你认为网络大V应该承担什么样的社会责任？

知识链接

网络中发布大量虚假、有害信息正成为严重危害社会的恶疾，一些无良的网络推手利用人们的善心，策划编造虚假事件博取眼球为自己谋利，此行为不但造成了网络信用认知的急剧下降，误导也会使人们的社会价值观严重扭曲，因此，打击此类违法行为、弘扬正能量是维护网络秩序的重要基础。

1. 传播正能量、共守"七条底线"

2013年8月15日闭幕的中国互联网大会发出倡议，全国互联网从业人员、网络名人和广大网民，都应坚守"七条底线"，营造健康向上的网络环境，自觉抵制违背"七条底线"的行为，积极传播正能量，为实现中华民族伟大复兴的中国梦作出贡献。网络发言需要规则和底线，这应当成为意见各方彼此尊重并充分践行的网络行为准则。"七条底线"是对网络发言中不良现象的一次合理纠偏，也是对建立理性公共舆论空间提出的约束性规范。

（1）一是法律法规底线；
（2）二是社会主义制度底线；
（3）三是国家利益底线；
（4）四是公民合法权益底线；
（5）五是社会公共秩序底线；

（6）六是道德风尚底线；
（7）七是信息真实性底线。

2. 中国互联网协会抵制网络谣言倡议书

随着信息通信技术的快速发展，互联网已经成为民意表达的重要平台，对经济、政治、文化和人民生活产生着积极的影响。同时应当看到，网上不良、不实信息仍然存在，影响社会健康发展，特别是最近网络谣言的传播成为一大社会公害，严重侵犯公民权益，损害公共利益，也危害国家安全和社会稳定。共同抵制网络谣言，营造健康文明的网络环境已经成为社会各界共同关注的问题。为抵制网络谣言，营造健康文明的网络环境，推动互联网行业健康可持续发展，中国互联网协会向全国互联网业界发出如下倡议：

一、树立法律意识，严格遵守国家和行业主管部门制定的各项法律法规，以及中国互联网协会发布的行业自律公约，不为网络谣言提供传播渠道，配合政府有关部门依法打击利用网络传播谣言的行为。

二、积极响应"增强国家文化软实力，弘扬中华文化，努力建设社会主义文化强国"的战略部署，制作和传播合法、真实、健康的网络内容，把互联网建设成宣传科学理论、传播先进文化、塑造美好心灵、弘扬社会正气的平台。

三、增强社会责任感，履行媒体职责，承担企业社会责任，依法保护网民使用网络的权利，加强对论坛、微博等互动栏目的管理，积极引导网民文明上网、文明发言，坚决斩断网络谣言传播链条。

四、坚持自我约束，加强行业自律。建立、健全网站内部管理制度，规范信息制作、发布和传播流程，强化内部监管机制；积极利用网站技术管理条件，加强对网站内容的甄别和处理，对明显的网络谣言应及时主动删除。

五、加强对网站从业人员的职业道德教育，要求网站从业人员认真履行法律责任，遵守社会公德，提高从业人员对网络谣言的辨别能力，督促从业人员养成良好的职业习惯。

六、提供互动信息服务的企业，应当遵守国家有关互联网真实身份认证的要求，同时要做好保护网民个人信息安全工作，提醒各类信息发布者发布信息必须客观真实、文责自负，使每个网民承担起应尽的社会责任。

七、自觉接受社会监督，设置听取网民意见的畅通渠道，对公众反映的问题认真整改，提高社会公信力。

八、希望广大网民积极支持互联网企业抵制网络谣言的行动，自觉做到不造谣、不传谣、不信谣，不助长谣言的流传、蔓延，做网络健康环境的维护者，发现网络谣言积极举报。

3. 最高人民法院、最高人民检察院关于办理利用信息网络实施诽谤等刑事案件适用法律若干问题的解释

为保护公民、法人和其他组织的合法权益，维护社会秩序，根据《中华人民共和国刑法》《全国人民代表大会常务委员会关于维护互联网安全的决定》等规定，对办理利用信息网络实施诽谤、寻衅滋事、敲诈勒索、非法经营等刑事案件适用法律的若干问题解释如下：

第一条 具有下列情形之一的，应当认定为刑法第二百四十六条第一款规定的"捏造事实诽谤他人"：

（一）捏造损害他人名誉的事实，在信息网络上散布，或者组织、指使人员在信息网络上散布的；

（二）将信息网络上涉及他人的原始信息内容篡改为损害他人名誉的事实，在信息网络上散布，或者组织、指使人员在信息网络上散布的；

明知是捏造的损害他人名誉的事实，在信息网络上散布，情节恶劣的，以"捏造事实诽谤他人"论。

第二条 利用信息网络诽谤他人，具有下列情形之一的，应当认定为刑法第二百四十六条第一款规定的"情节严重"：

（一）同一诽谤信息实际被单击、浏览次数达到五千次以上，或者被转发次数达到五百次以上的；

（二）造成被害人或者其近亲属精神失常、自残、自杀等严重后果的；

（三）二年内曾因诽谤受过行政处罚，又诽谤他人的；

（四）其他情节严重的情形。

第三条 利用信息网络诽谤他人，具有下列情形之一的，应当认定为刑法第二百四十六条第二款规定的"严重危害社会秩序和国家利益"：

（一）引发群体性事件的；

（二）引发公共秩序混乱的；

（三）引发民族、宗教冲突的；

（四）诽谤多人，造成恶劣社会影响的；

（五）损害国家形象，严重危害国家利益的；

（六）造成恶劣国际影响的；

（七）其他严重危害社会秩序和国家利益的情形。

第四条 一年内多次实施利用信息网络诽谤他人行为未经处理，诽谤信息实际被单击、浏览、转发次数累计计算构成犯罪的，应当依法定罪处罚。

第五条 利用信息网络辱骂、恐吓他人，情节恶劣，破坏社会秩序的，依照刑法第二百九十三条第一款第（二）项的规定，以寻衅滋事罪定罪处罚。

编造虚假信息，或者明知是编造的虚假信息，在信息网络上散布，或者组织、指使人员在信息网络上散布，起哄闹事，造成公共秩序严重混乱的，依照刑法第二百九十三条第一款第（四）项的规定，以寻衅滋事罪定罪处罚。

第六条 以在信息网络上发布、删除等方式处理网络信息为由，威胁、要挟他人，索取公私财物，数额较大，或者多次实施上述行为的，依照刑法第二百七十四条的规定，以敲诈勒索罪定罪处罚。

第七条 违反国家规定，以营利为目的，通过信息网络有偿提供删除信息服务，或者明知是虚假信息，通过信息网络有偿提供发布信息等服务，扰乱市场秩序，具有下列情形之一的，属于非法经营行为"情节严重"，依照刑法第二百二十五条第（四）项的规定，以非法经营罪定罪处罚：

（一）个人非法经营数额在五万元以上，或者违法所得数额在二万元以上的；

（二）单位非法经营数额在十五万元以上，或者违法所得数额在五万元以上的。

实施前款规定的行为，数额达到前款规定的数额五倍以上的，应当认定为刑法第二百二十五条规定的"情节特别严重"。

第八条 明知他人利用信息网络实施诽谤、寻衅滋事、敲诈勒索、非法经营等犯罪，为其提供资金、场所、技术支持等帮助的，以共同犯罪论处。

第九条 利用信息网络实施诽谤、寻衅滋事、敲诈勒索、非法经营犯罪，同时又构成刑法第二百二十一条规定的损害商业信誉、商品声誉罪，第二百七十八条规定的煽动暴力抗拒法律实施罪，第二百九十一条之一规定的编造、故意传播虚假恐怖信息罪等犯罪的，依照处罚较重的规定定罪处罚。

第十条 本解释所称信息网络，包括以计算机、电视机、固定电话机、移动电话机等电子设备为终端的计算机互联网、广播电视网、固定通信网、移动通信网等信息网络，以及向公众开放的局域网络。

任务拓展：从反"人肉搜索"第一案了解"人肉搜索"

"人肉搜索"有广义和狭义之分。广义的人肉搜索是指通过问答形式实现的信息共享；狭义的"人肉搜索"是指在网络社区集合广大网民的力量，追查某些事情或人物的真相，并将其曝光。从已发生的纠纷看，人们更多关注可能涉及隐私侵害的狭义"人肉搜索"。

2007年12月，31岁的女白领姜某在个人博客上诉说丈夫有外遇后，跳楼身亡。姜某的好友将此事发布到天涯社区，北飞的候鸟、大旗网纷纷转载。一时间，小三插足、逼死妻子成了2008年年初的网络热点。天涯网友启动了"人肉搜索"。王某和第三者成了谴责的焦点，他们的一切资料被公开，王某不断收到恐吓邮件，在网上被通缉、追杀、围攻、威胁。甚至有网友聚集在他单位门口找他算账，导致他被单位辞退。甚至他父母的姓名、电话、地址以及哥哥姓名、单位、车牌号都被贴到网上，更有不少网友在半夜打电话骚扰王某家人。结果，王某不堪忍受，将天涯社区、大旗网和"北飞的候鸟"网站管理员告上法庭，被称为"反人肉搜索"第一案。

2008年12月18日，朝阳区人民法院判决，大旗网和"北飞的候鸟"两家网站的经营者或管理者，侵犯原告王某名誉权及隐私权，判网站停止侵权、公开道歉，并分别赔偿王某精神抚慰金3000元和5000元；天涯虚拟社区网由于在王某起诉前及时删除了侵权帖子，履行了监管义务，因此不构成侵权。

"人肉搜索"是一种最有争议的网民行为，近年来，"人肉搜索"被网民频频使用，有起正面作用的"天价头""天价烟"事件，也有引发"高三女生跳河"事件，这种游走于法律之外的道德"审判"方式，极易诱发网民的"语言暴力"，甚至出现网下骚扰当事人正常生活的行为。

常见问题及解决策略

1. 认为转发了网上诽谤言论将被追责

"捏造事实诽谤他人"有两种情况：一是，捏造损害他人名誉的事实，在信息网络上散布，或者组织、指使人员在信息网络上散布的；二是，将信息网络上涉及他人的原始信息内容篡改为损害他人名誉的事实，在信息网络上散布，或者组织、指使人员在信息网络上散布的。明知是捏造的损害他人名誉的事实，在信息网络上散布，情节恶劣的，以"捏造事实诽谤他人"论。其核心强调的是主观故意，如果行为人不明知是他人捏造的虚假事实而在信息网络上发布、转发，就不存在主观故意诽谤他人，即使对被害人的名誉造成了一定的损害，也不构成诽谤罪。

广大网民通过信息网络检举、揭发他人违法违纪行为的，即使检举、揭发的部分内容失实，只要不是故意捏造事实诽谤他人的，或者不属明知是捏造的损害他人名誉的事实而在信息网络上散布的，就不应以诽谤罪追究刑事责任。

2. 认为网络中不存在暴力

这是一种错误的认识，网络中不但存在暴力，其对特定对象的危害程度也绝不亚于现实社会中的暴力行为。

网络中的暴力不同于现实生活中拳脚相加、血肉搏斗，而是借助网络虚拟空间用语言文字对当事人进行讨伐与攻击。这些恶语相向的文字，往往是一定规模数量的网民们，因网络上发布的一些违背人类公共道德和传统价值观以及触及人类道德底线的事件所发表的言论。这些语言文字刻薄、恶毒甚至残忍，已经超出了对于事件正常评论的范围，不但对事件当事人进行人身攻击，恶意诋毁，更将这种讨伐从虚拟网络转移到现实社会中。

网络暴力的主要表现有：网民对未经证实或已经证实的网络事件，在网上发表具有攻击性、煽动性和侮辱性的失实言论，造成当事人名誉损害；在网上公开当事人现实生活中的个人隐私，侵犯其隐私权；对当事人及其亲友的正常生活进行行动和言论上的侵扰，致使其人身权利受到损害等。

项目小结

本项目包含两个具体任务，任务一是从侵权案例讨论开始，以讲解网络道德规范为内容，希望借助大量实际案例帮助学习者充分了解提倡网络道德的重要性，该学习任务对规范学习者的网络行为有指导和帮助作用。任务二则以普遍存在的网络谣言为切入点，讲解网络谣言和诽谤行为的法律制约，明确告诫网民制造网络谣言要负的法律责任。

目前国内外学者、网络运营商和政府部门对规范网络应用提出了许多要求，归纳后不难发现其核心是遵纪、守法、文明、健康使用网络。

项目考核

学习任务完成后，可以进行自评、互评和教师点评，形成个人和学习小组任务完成情况总体评价。合作学习评价的内容和要求参见项目一，知识、技能评价的内容和要求如下。

（1）使用网络的基本行为准则。

能清楚描述使用网络必须遵守的基本行为准则。

（2）行业自律的主要内容。

了解网络行业自律涉及的主要内容，明白行业自律对规范网络秩序的重要性。

（3）处置网络谣言的法律依据。

了解对网络造谣、诽谤、敲诈处罚的法律条款，明白所指网络的涵盖范围。

项目习题

1. 单项选择题

（1）美国计算机伦理协会为计算机伦理学制定的10条戒律中，不包括（　　）。

　　A．不应该用计算机去伤害别人　　　B．使用或复制没有付钱的软件

C．不应该用计算机作伪证　　　　　　D．不应该窥探别人的文件
（2）《全国青少年网络文明公约》，提倡的"五不"不包括（　　　）。
　　A．不沉溺虚拟时空　　　　　　　　　B．不随意约会网友
　　C．不浏览不良信息　　　　　　　　　D．不制造有害信息
（3）下面不属于有害信息的是（　　　）。
　　A．网络病毒　　　B．造谣信息　　　C．案件信息　　　D．诈骗信息
（4）与虚拟社会更为接近的概念是（　　　）。
　　A．信息社会　　　B．虚假社会　　　C．虚构社会　　　D．网络社会

2．多项选择题

（1）美国计算机协会为它的成员制定的应遵守的伦理道德和职业行为规范包括（　　　）。
　　A．避免伤害他人　　　　　　　　　　B．尊重知识产权
　　C．保守秘密　　　　　　　　　　　　D．尊重他人的隐私权
（2）《全国青少年网络文明公约》，提倡的"五要"包括（　　　）。
　　A．要善于网上学习　　　　　　　　　B．要有益身心健康
　　C．要增强自护意识　　　　　　　　　D．要诚实友好交流
（3）网络行为应坚持的底线包括（　　　）。
　　A．法律法规底线　　　　　　　　　　B．社会主义制度底线
　　C．国家利益底线　　　　　　　　　　D．公民合法权益底线；
（4）"双最"关于办理利用信息网络实施诽谤等刑事案件适用法律若干问题解释中所称的信息网络包括（　　　）。
　　A．计算机互联网　B．广播电视网　　C．固定通信网　　D．移动通信网

3．判断题

（1）不应该窥探别人网上的文件。　　　　　　　　　　　　　　　　　　　　（　　）
（2）《中国互联网行业自律公约》要求行业自觉维护消费者的合法权益，保守用户信息秘密。　　　　　　　　　　　　　　　　　　　　　　　　　　　　　　　　　（　　）
（3）网络社会以现实社会为存在基础。　　　　　　　　　　　　　　　　　　（　　）
（4）网络暴力是借助网络虚拟空间用语言文字对当事人进行讨伐与攻击。　　（　　）
（5）一年内多次实施利用信息网络诽谤他人行为未经处理，诽谤信息实际被单击、浏览、转发次数累计计算构成犯罪的，应当依法定罪处罚。　　　　　　　　　　　（　　）

4．简答题

（1）为什么要以单击和浏览量作为处罚的标准？
（2）中文和英文对虚拟的理解差异，会导致什么问题？
（3）为什么有些地方要叫停"人肉搜索"？
（4）网络对人类身心健康的影响有哪些？使用具体案例进行说明。
（5）网络谣言的危害性有哪些？如何制止网络谣言？

5．实训题

　　根据教材中给出的不道德网络行为案例和课程讨论结果写出课后感，其中应包括：对案例事件的认识、自己遇到的不文明网络行为、对自己网络行为的反思和以后的打算等。

项目十一

网络法律

社会信息化,提高了信息、信息系统、网络系统在国家安全、社会稳定、经济建设中的作用和地位,而网络关系的调整、规范,也随之成为社会迫切需要的重要内容,为此信息网络系统安全保护的法律规范应运而生,并逐渐扩展形成完整的法律规范体系,以适应信息化社会有序发展的要求。

项目目标

- 了解法律意义上的网络犯罪。
- 了解遭受犯罪危害后的处置方法。
- 了解网络不当行为的法律后果。
- 了解网络安全保护的法律体系。

任务一　认识网络犯罪

网络犯罪是一种特有的犯罪现象,是以网络为工具或为对象的犯罪,也是网络普及后必然出现的犯罪形式。随着网络应用领域不断扩大,各种传统犯罪也在借助网络平台翻新花样,有人说,除了面对面实施的犯罪以外,网络已承载了所有的传统犯罪形式。正是因为如此,生活在信息社会的人们有必要全面认识网络犯罪。

案例21:盗窃网上银行基金案

2009年8月26日,大庆市公安局网络警察支队接王某报警,称其建行卡内6万元基金全部被盗走。

接报后,网警支队立即组织警力展开调查。经查,嫌疑人先盗窃了王某网上银行密码,之后该人利用建设银行中小额汇款所需密码与网上银行密码相同的漏洞,将王某网上银行内6万元基金分8次赎回,然后通过淘宝网多个店铺,以50~500不等进行手机充值,分批次将网银中的现金全部提走。通过对受害人王某的网上银行进行深入分析,网警支队确立了工作原则,并迅速抓获网名为"非诚勿扰"的犯罪嫌疑人张某。经审讯,张某交待了犯罪事实。因股市下跌，张某盗窃的 6 万元基金实际赎回市值为 3.8 万元，然后与网上淘宝店主黄某以二八分成方式，分多次将受害人网银赎回的基金全部为他人进行手机充值，共非法获利 2.8 万余元。等待张某、黄某的将是严厉的法律制裁。

任务活动

1．教师展示网络犯罪案例，讲解案例涉及的专业术语和知识

（1）网络警察和网警职责。
（2）犯罪、网络犯罪和网络犯罪罪名。

2．网络犯罪案例收集

学生自主分组并充分利用网络资源进行网络犯罪案例收集，小组活动结束后应形成以下成果：
（1）收集到若干个网络犯罪的真实案例。
（2）一份简单的网络犯罪案例分析报告。
（3）简短的小组活动总结。

3．网络犯罪问题讨论

根据对教材展示案例和自己收集案例的讨论结果，分组发言表达各组对网络犯罪问题的看法，最终形成对网络犯罪较为统一的认识。讨论可以围绕以下问题展开：
（1）网络犯罪数量持续上升说明什么？
（2）犯罪案例中的行为人实施的犯罪行为有哪些危害？
（3）网络中的犯罪行为会受到什么惩罚？
（4）从犯罪案例中能够得到什么启示？

知识链接

网络犯罪与经济犯罪、金融犯罪一样，是人们习惯性对与网络有关犯罪的一种称谓，不是刑法意义上的罪名，而是犯罪学的概念。关于网络犯罪的定义也是有多种说法，具有法律意义的定义应源自国家的法律法规。

1．犯罪的基本特征与网络犯罪

（1）犯罪的基本特征。

确认犯罪是追究刑事责任的前提，了解犯罪的基本特征，有助于分清罪与非罪。

社会危害性是犯罪最本质、最具有决定意义的特征。所谓社会危害性是指对国家和社会大众的利益造成危害。在信息活动中的主要表现是，对国家政治、军事、尖端科技等信息系统的危害，利用信息系统实施诈骗、贪污、破坏公共信息基础设施，蓄意制造、传播计算机病毒，等等。行为人内在的主观意愿或思想，已经表现为客观的外在行动，造成了对社会的危害。

刑事违法性是指该行为在《刑法》中明令禁止。在社会活动中，各种危害社会行为的轻重程度不同，有的仅属于伦理道德范畴。根据对于社会危害的性质和程度，以及行为人的主观因素，国家考虑到国情、社情和民情的需要，有选择地把危害社会的行为规定为违反刑事法律的行为，并在《刑法》中列出。因此，危害社会是犯罪的充分条件，触犯刑法是犯罪的必要条件，即犯罪必定违法，违法不一定犯罪。

刑罚惩罚性是指行为后果。危害社会的行为只有达到应当受到刑罚处罚的严重程度，才是犯罪。刑事法律责任和刑罚有着密切关系，刑事责任是犯罪人在社会和国家面前承担的责任，是刑罚的前提，责任大小决定刑罚的轻重，因此刑罚只是刑事责任的结果。刑罚是对违法行为的社会危害程度的评断，应当受到刑罚惩罚，不仅是社会危害性和违法性的法律后果，更是犯罪行为本身所具有的属性，是犯罪不可缺少的一个独立特征。

需要强调的是，免于刑罚惩罚不等于其行为不具有应当受到刑罚惩罚的特征，恰恰相反，犯罪行为应当受到刑罚惩罚，正是免除刑罚惩罚的基本前提。免于刑罚惩罚，仅仅是对于犯罪行为的一种处理方法，刑罚处罚虽免，其行为仍属于犯罪。

社会危害性是刑事违法性和应受惩罚性的基础，刑事违法性和应受惩罚性是社会危害性在刑事法律上的表现。三者是相互联系、彼此依存、辨证统一的整体。

（2）网络犯罪。

有人认为，网络犯罪就是行为主体以计算机或网络技术、通信技术等手段为犯罪工具或攻击对象，在网络环境实施的，故意侵害或威胁法律所保护的利益的行为。基于这种定义可以发现，网络犯罪在行为方式上包括以计算机网络为犯罪工具和以计算机网络为攻击对象两种；在行为性质上包括网络一般违法行为和网络严重违法，即犯罪行为有两种。

有人认为以上界定过于宽泛，不利于深入研究网络犯罪，更加细化的关于网络犯罪的界定将其分为3种类型。第一，以网络为工具进行的各种犯罪活动；第二，以网络为攻击目标进行的犯罪活动；第三，使用网络并依托其为获利途径、机制或来源的犯罪活动。第一种以网络为犯罪手段和工具，可称之为网络工具犯。后两种类型均以网络为行为对象，称其为网络对象犯。它包含着以网络为获利途径、机制或来源的犯罪行为和以网络为侵害对象的犯罪行为，分别称为网络用益犯和网络侵害犯。

审视网络犯罪有两种视角：一种是虚拟视角；一种是物理视角。以虚拟角度看，网络空间被视为一种不同于现实社会空间的虚拟空间，网络犯罪是发生于网络环境中的一种新的犯罪模式。而在物理角度，网络仅是世界各地的计算机通过数据链路连接而成的一种网络系统，网络犯罪是行为人利用或者针对网络系统实施的犯罪行为，其犯罪形态和模式既与传统犯罪相类似，也存在着差异。网络犯罪可以笼统地指称行为主体运用计算机技术，借助于网络对系统或信息终端进行攻击、破坏或利用网络进行其他犯罪。既包括行为主体运用其编程、加密、解码、翻墙技术或工具在网络上实施的犯罪，也包括行为主体利用软件指令、网络系统、数据恢复或产品加密、解密等技术及法律规定上的漏洞在网络内外交互实施的犯罪，还包括行为主体借助于其居于网络服务管理者、提供者的优势地位、特定角色或其他方法在网络系统实施的犯罪形态。简言之，网络犯罪是针对和利用网络进行的犯罪，分别指明了网络犯罪的对象特征和工具特征，共同阐释了网络犯罪的存在特征，即犯罪的全部行为或至少是部分行为与网络具有发生、进行或终止的相关性，网络存在性是网络犯罪的直观表征，其本质特征是危害网络及其信息、终端的安全与秩序。

2. 网络犯罪行为的主要类型

基于刑法的网络犯罪是指利用网络系统或网络知识手段，对网络信息系统，或对国家、团体、个人造成危害的行为，依据法律规定，应当予以刑罚处罚。在《全国人大常委会关于维护互联网安全的决定》中，网络犯罪行为被划分为以下主要类型。

（1）危害互联网运行安全。

危害互联网运行安全的犯罪行为主要有以下 3 种：

① 侵入国家事务、国防建设、尖端科学技术领域的计算机信息系统。

② 故意制作、传播计算机病毒等破坏性程序，攻击计算机系统及通信网络，致使计算机系统及通信网络遭受损害。

③ 违反国家规定，擅自中断计算机网络或者通信服务，造成计算机网络或者通信系统不能正常运行。

（2）危害国家安全和社会稳定。

危害国家安全和社会稳定的犯罪行为主要有以下 4 种：

① 利用互联网造谣、诽谤或者发表、传播其他有害信息，煽动颠覆国家政权、推翻社会主义制度，或者煽动分裂国家、破坏国家统一。

② 通过互联网窃取、泄露国家秘密、情报或者军事秘密。

③ 利用互联网煽动民族仇恨、民族歧视，破坏民族团结。

④ 利用互联网组织邪教组织、联络邪教组织成员，破坏国家法律、行政法规实施。

（3）危害社会主义市场经济秩序和社会管理秩序。

危害社会主义市场经济秩序和社会管理秩序的犯罪行为主要有以下 5 种：

① 利用互联网销售伪劣产品或者对商品、服务进行虚假宣传。

② 利用互联网损害他人商业信誉和商品声誉。

③ 利用互联网侵犯他人知识产权。

④ 利用互联网编造并传播影响证券、期货交易或者其他扰乱金融秩序的虚假信息。

⑤ 在互联网上建立淫秽网站、网页、提供淫秽站点链接服务，或者传播淫秽书刊、影片、音像、图片。

（4）侵害个人、法人和其他组织的人身、财产等合法权利。

侵害个人、法人和其他组织的人身、财产等合法权利的犯罪行为主要有以下 3 种：

① 利用互联网侮辱他人或者捏造事实诽谤他人。

② 非法截获、篡改、删除他人电子邮件或者其他数据资料，侵犯公民通信自由和通信秘密。

③ 利用互联网进行盗窃、诈骗、敲诈勒索。

（5）其他危害行为。

利用互联网实施其他构成犯罪的行为，主要是指以上 4 类网络犯罪行为还没有包括进去的犯罪行为。随着网络经济和网络技术的发展，网络犯罪也将出现新的形式。

3. 安全事件报告制度

安全事件报告制度，是计算机网络安全治理工作的基本内容，也是全社会群策群力综合治理计算机网络安全的集中表现。所谓计算机网络安全事件主要指危害计算机网络系统安全的事故和违法、犯罪案件。

《计算机信息系统安全保护条例》规定："对计算机信息系统中发生的案件，有关使用单位应当在 24 小时内向当地县级以上人民政府公安机关报告。"这里强调危害计算机信息系统的违法犯罪"案件"必须及时报告。

由于危害计算机网络系统安全的行为包含较多的技术含量，判定违法犯罪存在技术难题，所以，建议在发生不明原因的安全事件后，要及时向当地公安机关网络安全监察部门报告。不论是一般的安全事件，还是违法犯罪案件，及时报告将有助于尽快制约、制止危害事件的事态，使受到的损失尽可能地降低到最低限度。

在安全事件发生后，用户应妥善保护现场，可以根据实际应用情况确定应急措施，在不影响网络安全的前提下，应尽量保持原有的运行环境。

公安机关接到报告后，应及时赶赴现场，在应用单位的配合下完成现场勘验工作，并决定下一步的工作思路。

一个单位的安全事件可能是孤立的，但公安机关汇总多起孤立案件后，可能从中发现问题，获取网络安全保护的社会宏观态势，便于及时采取对策，为计算机网络安全应用创造良好的社会环境。

4．案件管辖

明确案件管辖权限既可以避免出现盲目举报，也可以提高涉网犯罪查处的工作效率。

涉网案件不一定都是刑事案件，不同案件管理归属不同部门，即便是刑事案件也需要明确管辖权。公安部制定的《公安机关办理刑事案件的程序规定》，是解决案件管辖的重要依据。

其中第 15 条规定：刑事案件由犯罪地的公安机关管辖。如果由犯罪嫌疑人居住地的公安机关管辖更为适宜的，可以由犯罪嫌疑人居住地的公安机关管辖。所谓犯罪地是指犯罪事实发生的地区（或场所），通常包括犯罪行为实行地（又称行为地）和犯罪结果发生地（又称结果地）。涉网犯罪的立案侦查交由犯罪地公安机关，有利于证据收集。

涉网犯罪的特殊性可能造成数个公安机关都具有管辖权，因此对出现的多管辖情况必须进行变通处理。第 16 条规定：几个公安机关都有权管辖的刑事案件，由最初受理的公安机关管辖。必要时，可以由主要犯罪地的公安机关管辖。主要犯罪地是指数罪或多次犯罪的主罪发生地。由此可以确定，最初受理案件的公安机关能够担任涉网案件侦办任务，但是，最初受理单位若很难查清主要犯罪事实，或即使查清也可能延误时间，可交由主要犯罪地的公安机关立案侦查。

任务拓展：了解电子数据证据

电子数据证据与电子数据取证目前都没有非常确切的定义，一般来说，可从广义和狭义两个角度定义。广义的电子数据证据是指以电子形式存在的，用做证据使用的一切材料及其派生物，或者说，借助电子设备而形成的一切证据。狭义的电子数据证据是指数字化信息设备中存储、处理、传输、输出的数字化信息形式的数据，此概念突出"数字化"。电子数据证据主要来源于各类电子设备，包括计算机主机系统、网络及其他数字设备三个方面。主机系统中主要包括各种系统日志和用户自建的文档；网络中包括网络实时数据包和网络设备中的日志；其他数字设备是指能够存储电子数据的掌上电脑、读卡器、数码相机、手机等电子设备。

随着世界范围内各种针对电子数据取证的司法实践不断增多，电子数据的获取方法也越来越多。

以证据来源为标准，可分为主机取证、网络取证和相关设备取证；以信息获取时潜在证据的特征为标准，可分为静态信息取证和动态信息取证；以信息获取的时间为标准，可分为事后信息取证和事前信息取证；以调查人员是否需要到现场为标准，可分为现场取证和远程取证。

此外，对电子数据取证还可以从现场勘验、证据保全、数据恢复、密码破解、网络通缉、人肉搜索等角度进行。

在上面的分类中，静态信息获取是收集存储在未运行的计算机系统、电子设备和未使用的存储器或独立的磁盘（光盘）等媒介上的静态信息，这些信息不会随着电源的切断而消失；动态信息获取是收集切断电源后会消失的各类易失性数据，例如，系统运行的进程信息、内存数据、网络状态信息、网络数据包、屏幕截图和交换文件拷贝等；远程信息获取是指通过网络等形式远程连接，从正在运行的系统中获取电子数据的方式。

 常见问题及解决策略

1. 认为刑法中没有明文禁止的行为都可以做

这绝对是一种错误的认识，刑法中的规定是认定犯罪的条款，违反刑法的行为是犯罪行为，犯罪行为当然是绝对禁止的行为，但是，这决不意味着刑法禁止以外的行为都是正确的行为。

第一，刑法有滞后性，有些具有社会危害性的行为是随着社会发展显现的，并没有被及时纳入刑法，可能一时没有办法以刑法为标准认定为犯罪，但这绝不意味着有危害性的行为是可行的行为。

第二，某些社会危害性轻微的行为也没有被纳入刑法，但具有轻微危害性的行为也有悖于社会伦理道德，也是被社会所唾弃的行为。所以，人们的一切活动应坚持法律底线，也要坚持道德底线。

2. 网络犯罪跟自己没有任何关系

认为网络犯罪与自己没有关系，可能出于自己不会从事网络犯罪勾当这一基本想法。但是，自己不会进行网络犯罪，并不意味着网络犯罪行为不会危害到你。

随着计算机网络的迅速普及，我们所有人都要和网络打交道，我们的个人信息也普遍存在于网络中，网络中出现的犯罪活动或多或少、直接或间接地会影响到我们。网络攻击致使网络瘫痪会影响我们正常的网络生活，信息被盗可能导致我们的个人隐私泄露，诸如此类问题是信息社会每个人都必须面对的基本问题，所以，应该说网络中出现的犯罪活动和所有网络使用者都有关系，我们都应该为打击网络犯罪、维护网络秩序出力。

任务二　了解网络法律

在网络活动中会产生各种社会关系，这些关系也需要调整和规范，这就是信息网络立法的基本依据。反过来，网络法律的建立、完善，必将促进社会信息化的健康发展。

1986年，深圳发生了中国第1例计算机犯罪案件，之后，类似案件的数量急剧上升，这一社会现象提示司法工作者，应尽快形成结构严谨的网络安全法律规范体系，以适应社会发展变化的客观实际，使社会网络应用有序、健康发展。经过数年的完善和发展，中国已经建立了条款相对独立，内容相互补充的完整法律体系，基本上能有效调整和规范信息社会的新型社会关系。

案例22：徐某故意制作、传播破坏性程序案

被告人徐某，男，1978年4月出生。因涉嫌破坏计算机信息系统罪于2005年1月11日被刑事拘留，同年2月4日被逮捕。

被告人徐某利用QQ尾巴等程序在互联网上传播其编写的ipxsrv.exe程序，先后植入40 000余台计算机，形成Bot Net僵尸网络。2004年10月至2005年1月，被告人徐某操纵僵尸网络对北京大吕黄钟电子商务有限公司所属音乐网站（www.kuro.com.cn/北京飞行网，简称酷乐），发动多次DDOS攻击，致使该公司遭受重大经济损失，并且影响北京电信数据中心皂君庙机房网络设备及用户，造成恶劣的社会影响。经计算机病毒防治产品功能测试机构鉴定，ipxsrv.exe程序为破坏性程序。

经人民法院审理认为：被告人徐某故意制作、传播破坏性程序，影响计算机系统正常运行，后果严重，其行为已构成破坏计算机信息系统罪。依照《中华人民共和国刑法》第二百八十六条第一、三款、第六十四条之规定，判决如下：

一、被告人徐某犯破坏计算机信息系统罪，判处有期徒刑一年零六个月。
二、随案移送作案工具索尼笔记本电脑一台、DNS服务器一台、U盘一个，依法没收。

任务活动

1．教师展示案例，讲解案例涉及的专业术语和知识

（1）法律、法规和规章。
（2）现有法律体系仍可能存在的问题。

2．网络法律应用案例收集

学生自主分组并充分利用网络资源进行网络法律应用案例收集，小组活动结束后应形成以下成果：

（1）收集到若干个网络法律应用的真实案例。
（2）一份简单的网络法律应用案例分析报告。
（3）简短的小组活动总结。

3．网络法律应用案例及相关问题讨论

根据对教材展示案例和自己收集案例的讨论结果，分组发言表达各组对网络法律应用问题的看法，讨论现有的网络安全保护法律法规对网络应用的保护作用，最终形成对网络法律问题较为统一的认识。讨论可以围绕以下问题展开：

（1）网络安全保护的法律法规从哪些方面有效遏制了网络犯罪的发生？
（2）现行的法律法规在哪些方面存在漏洞？
（3）法律法规之间存在冲突该如何解决？
（4）新出的法律法规有哪些变化？

知识链接

自1994年我国开始计算机网络立法活动到目前为止，已基本形成了较为完整的法律体系。关于网络安全保护的刑事立法可以归纳为以刑法典为中心，辅之以单行刑法、行政法规、司法

解释、行政规章及其他规范性文件的框架体系。目前，我国惩治危害网络安全犯罪的现行规范性文件主要有以下几类。

1．法律类

《中华人民共和国刑法》(1997年3月14日全国人民代表大会修订，同年10月1日起施行)；

《全国人大常务委员会关于维护互联网安全的决定》(2000年12月28日第9届全国人民代表大会常务委员会第十九次会议通过)；

《中华人民共和国治安管理处罚法》(2005年8月28日第9届全国人民代表大会常务委员会第十七次会议通过，2006年3月1日起施行)。

《中华人民共和国网络安全法》(全国人民代表大会常务委员会于2016年11月7日发布，自2017年6月1日实施)

2．行政法规类

《中华人民共和国计算机信息系统安全保护条例》(1994年2月18日国务院发布并施行)；

《中华人民共和国计算机信息网络国际联网管理暂行规定》(1996年2月1日国务院发布并施行，根据1997年5月20日《国务院关于〈中华人民共和国计算机信息网络国际联网管理暂行规定〉的决定》修正)；

《中华人民共和国电信条例》(2000年9月25日国务院发布并施行)；

《互联网信息服务管理办法》(2000年9月25日国务院发布并施行)。

3．司法解释类

《关于审理扰乱电信市场秩序案件具体应用法律若干问题的解释》(2000年5月12日最高人民法院发布，2000年5月24日起施行)；

《最高人民法院、最高人民检察院关于办理利用互联网、移动通讯设备、声讯台制作、复制、出版、贩卖、传播淫秽电子信息刑事案件具体应用法律若干问题的解释》(2004年9月6日起施行)；

《最高人民法院 最高人民检察院关于办理利用信息网络实施诽谤等刑事案件适用法律若干问题的解释》(2013年9月10日起实施)。

4．行政规章类

《计算机信息网络国际联网出入口信道管理办法》(1996年4月9日原邮电部发布并施行)；

《计算机信息网络国际联网安全保护管理办法》(1997年12月11日国务院批准，1997年12月30日公安部发布并施行)；

《中华人民共和国计算机信息网络国际联网管理暂行规定实施办法》(1998年2月13日国务院信息化工作领导小组发布并施行)；

《计算机信息系统国际联网保密管理暂行规定》(1998年2月26日国家保密局发布并施行)；

《计算机信息系统国际联网保密管理规定》(国家保密局发布，2000年1月1日起施行)；

《计算机病毒防治管理办法》(2000年4月26日公安部发布并施行)；

《互联网电子公告服务管理规定》(2000年11月7日信息产业部发布并施行)；

《互联网站从事登载新闻业务管理暂行规定》(2000年11月7日国务院新闻办公室、信息产业部发布并施行)；

《互联网 IP 地址备案管理办法》(2005 年 3 月 20 日信息产业部发布并施行);

《互联网著作权行政保护办法》(2005 年 5 月 30 日国家版权局、信息产业部发布并施行);

《电子认证服务管理办法》(2005 年 4 月 1 日信息产业部发布并施行);

《即时通信工具公众信息服务发展管理暂行规定》(2014 年 8 月 7 日国信办发布并实施)。

任务拓展：了解网络行为的法律责任

1．法律责任的概念

(1) 网络安全保护刑事责任的基本概念。

网络安全保护的刑事责任，是指在涉及计算机网络的活动中，网络关系的主体实施了违反刑事法律规范所禁止的行为，或者没有履行刑事法律规范强制性的应尽义务，依据刑事法律规范所应当承担的法律责任。

刑事责任的实质，是一种刑事法律关系，犯罪是形成刑事责任的基础。

(2) 行政法律责任的基本概念。

行政法律规范是调整行政关系的法律规范的总称，行政关系经行政法律规范确认，就行政法律规范所确认的权利和义务，该业务领域的主管行政机关，依据行政法律规范，对违反行政法律规范的，确认相应的应当承担的行政法律责任，这就是行政法律关系。也可以说，所谓行政法律责任，是指行政法律关系主体由于违反行政法律规范所规定的义务而构成行政违法，或者部分的行政不当而依法承担的法律责任。

行政法律规范所规定履行的义务，大体上分两类：不必强制履行的各种应尽义务和强制履行的义务。《计算机信息系统安全保护条例》规定，计算机房应当符合国际标准和国家有关规定，计算机用户对这一规定义务的履行，是根据实际情况有选择的逐步实现。若计算机用户接到公安机关要求改进计算机信息系统安全状况的通知后，就必须在规定的期限内，达到改进的要求，否则，要受到行政处罚，这种处罚是强制的。行政法律责任指的就是后一种强制履行的义务，也称狭义性的义务。

(3) 民事法律责任的概念。

民事法律规范调整的社会关系为民事法律关系，民事法律关系包含民事权利和民事义务两个方面。

民事权利是指在民事法律关系中，法律赋予民事主体对于某一行为的作为或不作为的可能性。民事义务是指民事主体按照法律或者他人的要求，对于某一行为的作为或不作为的必要性。在具体的民事法律中，民事权利和民事义务是相互对应的，不可分的，一方享有某种民事权利，另一方必须承担相应的义务，没有一方的权利，就没有另一方的义务。如果民事主体不履行其义务，必然影响其他民事主体的权利实现，破坏民事活动领域的法律秩序。因此，有必要在法律中对民事主体违反民事义务应承担相应的法律后果做出规定，这些规定即为民事法律责任规定。

民事法律责任的构成要件是：行为人主观上有过错、行为人有民事违法性、行为人具有法律责任能力。

2．网络应用中的法律责任

(1) 刑事法律责任。

《刑法》和《全国人大常委会关于维护互联网安全的决定》中关于计算机网络犯罪的直接或间接条款警示我们，在计算机网络活动中实施危害行为可能承担刑事责任，必须引起高度重视。

《刑法》第二百八十五条规定：违反国家规定，侵入国家事务、国防建设、尖端科学技术领域的计算机信息系统的，处三年以下有期徒刑或者拘役。

《刑法》第二百八十六条规定：违反国家规定，对计算机信息系统功能进行删除、修改、增加、干扰，造成计算机信息系统不能正常运行，后果严重的，处五年以下有期徒刑或者拘役；后果特别严重的，处五年以上有期徒刑。

"违反国家规定，对计算机信息系统中存储、处理或者传输的数据和应用程序进行删除、修改、增加的操作，后果严重的，依照前款规定处罚。"

"故意制作、传播计算机病毒等破坏性程序，影响计算机系统正常运行，后果严重的，依照第一款规定处罚。"

《刑法》第二百八十七条规定：利用计算机实施金融诈骗、盗窃、贪污、挪用公款、窃取国家秘密或者其他犯罪的，依照本法有关规定定罪处罚。

《刑法》第二百一十七条规定：以营利为目的，有下列侵犯著作权情形之一，违法所得数额较大或者有其他严重情节的，处三年以下有期徒刑或者拘役，并处或者单处罚金；违法所得数额巨大或者有其他特别严重情节的，处三年以上七年以下有期徒刑，并处罚金。

未经著作权人许可，复制发行其文字作品、音乐、电影、电视、录像作品、计算机软件及其他作品的。

《刑法》第二百九十五条规定：传授犯罪方法的，处五年以下有期徒刑、拘役或者管制；情节严重的，处五年以上有期徒刑；情节特别严重的，处无期徒刑或者死刑。

《刑法》第一百二十四条规定：破坏广播电视设施、公用电信设施，危害公共安全的，处三年以下有期徒刑；造成严重后果的，处七年以上有期徒刑。

过失犯前款罪的，处三年以上七年以下有期徒刑，情节较轻的，处三年以下有期徒刑或者拘役。"

《刑法修正案（七）》的第七条规定，在刑法第二百五十三条后增加一条，作为第二百五十三条之一："国家机关或者金融、电信、交通、教育、医疗等单位的工作人员，违反国家规定，将本单位在履行职责或者提供服务过程中获得的公民个人信息，出售或者非法提供给他人，情节严重的，处三年以下有期徒刑或者拘役，并处或者单处罚金。

窃取或者以其他方法非法获取上述信息，情节严重的，依照前款的规定处罚。 单位犯前两款罪的，对单位判处罚金，并对其直接负责的主管人员和其他直接责任人员，依照各该款的规定处罚。"

《刑法修正案（七）》的第九条规定，在刑法第二百八十五条中增加两款作为第二款、第三款："违反国家规定，侵入前款规定以外的计算机信息系统或者采用其他技术手段，获取该计算机信息系统中存储、处理或者传输的数据，或者对该计算机信息系统实施非法控制，情节严重的，处三年以下有期徒刑或者拘役，并处或者单处罚金；情节特别严重的，处三年以上七年以下有期徒刑，并处罚金。

供专门用于侵入、非法控制计算机信息系统的程序、工具，或者明知他人实施侵入、非法控制计算机信息系统的违法犯罪行为而为其提供程序、工具，情节严重的，依照前款的规定处罚。"

（2）行政法律责任。

违反计算机网络系统安全保护行政法规规定，主要是指违反有关计算机网络系统安全保护的法律、行政法规，以及地方性行政法规所规定的应负法律责任的内容。在相关的法规中有许多法律责任的条目，这里仅列出很少的一部分，旨在提醒计算机网络用户遵纪守法，否则，将要承担相应的法律责任。

《计算机信息系统安全保护条例》第二十条规定：违反本条例规定，有下列行为之一的，由公安机关处以警告或者停机整顿：

（一）违反计算机信息系统安全等级保护制度，危害计算机信息系统安全的；
（二）违反计算机信息系统国际联网备案制度的；
（三）不按照规定时间报告计算机信息系统中发生的案件的；
（四）接到公安机关要求改进安全状况的通知后，在限期内拒不改进的；
（五）有危害计算机信息系统安全的其他行为的。

《计算机信息网络国际联网安全保护管理办法》第二十条规定：违反法律、行政法规，有本办法第五条、第六条所列行为之一的，由公安机关给予警告，有违法所得的，没收违法所得，对个人可以并处五千元以下的罚款，对单位可以并处一万五千元以下的罚款；情节严重的，并可以给予六个月以内停止联网、停机整顿的处罚，必要时可以建议原发证、审批机构吊销经营许可证或者取消联网资格；构成违反治安管理行为的，依照治安管理处罚条例的规定处罚；构成犯罪的，依法追究刑事责任。

《计算机信息网络国际联网安全保护管理办法》第二十一条规定：有下列行为之一的，由公安机关责令限期改正，给予警告，有违法所得的，没收违法所得；在规定的限期内未改正的，对单位的主管负责人员和其他直接责任人员可以并处五千元以下的罚款，对单位可以并处一万五千元以下的罚款；情节严重的，并可以给予六个月以内的停止联网、停机整顿的处罚，必要时可以建议原发证、审批机构吊销经营许可证或者取消联网资格。

（一）未建立安全保护管理制度的；
（二）未采取安全保护技术措施的；
（三）未对网络用户进行安全教育和培训的；
（四）未提供安全保护管理所需信息、资料及数据文件，或者所提供内容不真实的；
（五）对委托其发布的信息内容未进行审核或者对委托单位和个人未进行登记的；
（六）未建立电子公告系统的用户登记和信息管理制度的；
（七）未按照国家有关规定，删除网络地址、目录或者关闭服务器的；
（八）未建立公用账号使用登记制度的；
（九）转借、转让用户账号的。

（3）民事法律责任。

《计算机信息系统安全保护条例》中的"应当依法承担民事责任"是相关民事法律责任的原则性规定，也是对各种违反民事义务行为的概括性规定，满足民事法律责任构成要件的民事行为的行为人都要承担民事责任。一些具体的限制行为，在相关的法律法规中也有明确规定。

《中华人民共和国著作权法》第四十六条规定：有下列侵权行为的，应当根据情况，承担停止侵害、消除影响、赔礼道歉、赔偿损失等民事责任：

（八）未经电影作品和以类似摄制电影的方法创作的作品、计算机软件、录音录像制品的著作权人或者与著作权有关的权利人许可，出租其作品或者录制录像作品的，本法另有规定的除外；

《中华人民共和国著作权法》第四十七条规定：有下列侵权行为的，应当根据情况，承担停止侵害、消除影响、赔礼道歉、赔偿损失等民事责任：

（一）未经著作权人许可，复制、发行、表演、放映、广播、汇编、通过信息网络向公众传播其作品的，本法另有规定的除外；

（三）未经表演者许可，复制、发行录有其表演的录音录像制品，或者通过信息网络向公众传播其表演的，本法另有规定的除外；

（四）未经录音录像制作者许可，复制、发行、通过信息网络向公众传播其制作的录音录像制品的，本法另有规定的除外；

（五）未经著作权人或者与著作权有关的权利人许可，故意避开或者破坏权利人为其作品、录音录像制品等采取的保护著作权或者与著作权有关的权利的技术措施的，法律、行政法规另有规定的除外；

（六）未经著作权人或者著作权有关的权利人许可，故意删除或者改变作品、录音录像制品等的权利管理电子信息的，法律、行政法规另有规定的除外。

常见问题及解决策略

1. 中国没有隐私权法，所以不存在隐私保护问题

中国没有单独的隐私权法，并不意味着中国没有隐私保护条款，在中国的《宪法》《民法通则》《治安管理处罚法》《侵权责任法》《民事诉讼法》《刑事诉讼法》等法律中都有保护公民隐私权的条款，所以，侵犯公民隐私权处罚完全有法可依。

2. 在网上发表言论是我的自由，别人没有权利过问

在网上发表言论确实是个人的自由，国家也有保护公民言论自由的法律条款，但是，你的自由应该建立在不伤害别人的基础之上。对于伤害到国家和他人利益的行为，在任何国家也不会以言论自由为借口受到法律保护。因此，作为一个有道德底线的网民，文明、自律、守法是网上自由言论的基础。

项目小结

本项目有两个任务，任务一从网络中的违法犯罪案例讨论开始，帮助学习者全面了解网络犯罪问题。任务二则以介绍网络安全保护法律知识和法制理念为过程，以懂法守法为目的，全面提高学习者的法治理念。

网络犯罪是指利用网络系统或以网络知识作为手段，对网络信息系统或对国家、团体、个人造成危害的行为，依据法律规定，应当予以刑罚处罚。网络应用环境中发生的有关案件，有关使用单位应当在24小时内向当地县级以上人民政府公安机关报告。

网络使用者应合法使用网络，不当行为可能需要承担相应的刑事责任、行政法律责任或民事法律责任。

现在，中国基本形成的法律体系，可以简单归纳为以刑法典为中心，辅之以单行刑法、行政法规、司法解释、行政规章及其他规范性文件的框架体系。

项目考核

学习任务完成后，可以进行自评、互评和教师点评，形成个人和学习小组任务完成情况总

体评价。合作学习评价的内容和要求参见项目一，知识、技能评价的内容和要求如下。

（1）使用网络的基本行为准则。

能清楚描述使用网络必须遵守的基本行为准则。

（2）行业自律的主要内容。

了解网络行业自律涉及的主要内容，明白行业自律对规范网络秩序的重要性。

（3）处置网络谣言的法律依据。

了解对网络造谣、诽谤、敲诈处罚的法律条款，明白所指网络的涵盖范围。

（4）网络法律体系。

了解中国现行的网络安全保护法律体系，明白相关法律对网络安全的保护作用。

（5）网络应用中可能承担的法律责任。

了解网络应用中的不当行为可能要承担的法律责任。

项目习题

1．单项选择题

（1）最早发生、发现计算机犯罪的国家是（　　）。

　　A．中国　　　　B．美国　　　　C．日本　　　　D．英国

（2）中国深圳（　　）年发生了中国第一例计算机犯罪案件。

　　A．1986　　　 B．1987　　　　C．1988　　　　D．1989

（3）我国颁布的第一个计算机安全法规是（　　）。

　　A．《中华人民共和国刑法》

　　B．《中华人民共和国电信条例》

　　C．《中华人民共和国计算机信息网络国际联网管理暂行规定》

　　D．《中华人民共和国计算机信息系统安全保护条例》

（4）对有害数据的防治管理者是（　　）。

　　A．公安机关　　B．信息受众　　C．应用主管　　D．行业协会

（5）美国计算机伦理协会为计算机伦理学制定的10条戒律不包括（　　）。

　　A．不应该窥探别人的文件　　　B．不应该使用或复制没有付钱的软件

　　C．不应该用计算机去伤害别人　D．为社会和人类做出贡献

2．多项选择题

（1）行为规范包括：（　　）。

　　A．社会规范　　B．法律规范　　C．知识规范　　D．技术规范

（2）犯罪的基本特征是（　　）。

　　A．社会危害性　B．危害严重性　C．刑罚惩罚性　D．刑事违法性

（3）利用信息网络危害国家安全和社会稳定的犯罪行为主要有（　　）。

　　A．利用互联网煽动民族仇恨、民族歧视，破坏民族团结

　　B．通过互联网窃取、泄露国家秘密、情报或者军事秘密

C．利用互联网组织邪教组织、联络邪教组织成员，破坏国家法律、行政法规实施

D．利用互联网编造并传播影响证券、期货交易或者其他扰乱金融秩序的虚假信息

（4）行政法律责任的特点是（　　）。

  A．相互性   B．多元性   C 多重性   D．时效性

（5）民事法律责任的构成要件是（　　）。

  A．行为人主观上有过错   B．行为人有民事违法性

  C．行为人具有法律责任能力   D．享有民事权利

3．判断题

（1）技术规范是调整人与自然之间的行为规则。（　　）

（2）社会规范是调整人与人之间社会关系的行为规则。（　　）

（3）犯罪必定违法，违法不一定犯罪。（　　）

（4）社会危害性是犯罪最本质、最具有决定意义的特征。（　　）

（5）公安行政复议行为由最初做出决定的公安机关进行。（　　）

（6）计算机病毒是有害数据的一种。（　　）

4．简答题

（1）为什么说现有的法律体系能有效调整和规范信息社会的新型社会关系？

（2）简述网络安全保护的权利、义务和责任。

（3）计算机网络犯罪的主要类型有哪些？

（4）网上的哪些不检点行为可能违反民事义务？

（5）安全事件报告制度的重要意义是什么？

5．实训题

根据教材中给出的网络犯罪案例和课堂讨论结果写出课后感，其中应包括：自己对犯罪行为的认识和对法律法规的理解、如何用好法律武器有效保护网络安全等。

反侵权盗版声明

电子工业出版社依法对本作品享有专有出版权。任何未经权利人书面许可，复制、销售或通过信息网络传播本作品的行为；歪曲、篡改、剽窃本作品的行为，均违反《中华人民共和国著作权法》，其行为人应承担相应的民事责任和行政责任，构成犯罪的，将被依法追究刑事责任。

为了维护市场秩序，保护权利人的合法权益，我社将依法查处和打击侵权盗版的单位和个人。欢迎社会各界人士积极举报侵权盗版行为，本社将奖励举报有功人员，并保证举报人的信息不被泄露。

举报电话：（010）88254396；（010）88258888
传　　真：（010）88254397
E-mail：　dbqq@phei.com.cn
通信地址：北京市万寿路 173 信箱
　　　　　电子工业出版社总编办公室
邮　　编：100036